好忠告

(乔治·路易斯写给有才华的你)

DAMN **GOOD** ADVICE

(for people with talent)

〔美〕乔治·路易斯 著／老金译

湖南人民出版社

"创意几乎能够解决任何问题。

创意行为本身，

以及用原创性破除旧习的过程，

能帮助你克服一切。"

—— 乔治·路易斯

1959
DOYLE DANE BERNBACH
恒美广告公司

1964
PAPERT KOENIG LOIS
帕贝特·凯尼格·路易斯广告公司

1970
LOIS HOLLAND CALLAWAY
路易斯·霍兰·卡拉韦广告公司

1978
LOIS PITTS GERSHON
路易斯·皮茨·格申广告公司

1985
LOIS/USA
路易斯美国广告公司

2002
GOOD KARMA CREATIVE
传承广告公司

"在应当抗争的时刻保持沉默，是一种罪恶，是懦夫的行为。"

——亚伯拉罕·林肯

我于1951年应召入伍，抵达深入南方腹地的戈登堡军营。营中第一天，清晨6时的集合号之后，长官开始点名："琼斯！""逮！""杰克逊！""逮！""朗斯特利特！""逮！""路易斯！""哟！"解散后，一位红着脸的长官逮住我："你刚才的'哟'是什么意思，大兵？""回答您的点名，长官！""为什么说'哟'？""是这样，南方小伙子都说'逮'，但我们纽约人说'哟'。"听到我的回答，长官靠过来，咬牙切齿地说："哦，又一个纽约佬，傻瓜犹太基佬，黑鬼迷！"我勉强压抑着愤怒，一字一句地回应道："去你妈的，先生！"就这样，我受到了连续14周的营内责罚，随后被扔到了朝鲜半岛。（感谢你，亚伯拉罕·林肯！）

我是一个在充满种族歧视的爱尔兰社区长大的希腊裔小孩，年纪轻轻就被送去战场，参与一场针对亚洲文化的屠杀。这一切经历成为一种力量，让我在退伍后成为一名创意人、一名视觉传达者，去唤醒，去打乱，去抗议，去煽动，去惹怒（这个世界）。

我利用每个机会，用真理挑战权威——无论是在不公的法庭上、与警方纠缠时、力挺公民自由权利时、反对一个剥削穷人的政府时，还是面对美国无休止的战争时，都是如此。在反抗一切种族歧视、民族歧视和宗教歧视时，设计和创意便是我的武器。我的角色永远是反保守、反洗脑、反种族歧视，并时刻保持清醒——这些组成了我，一个文化煽动者，一个破坏分子。

对我来说，创意真正的灵魂，是为真正的"好"而战，永远反对骗局……然后创造标杆。

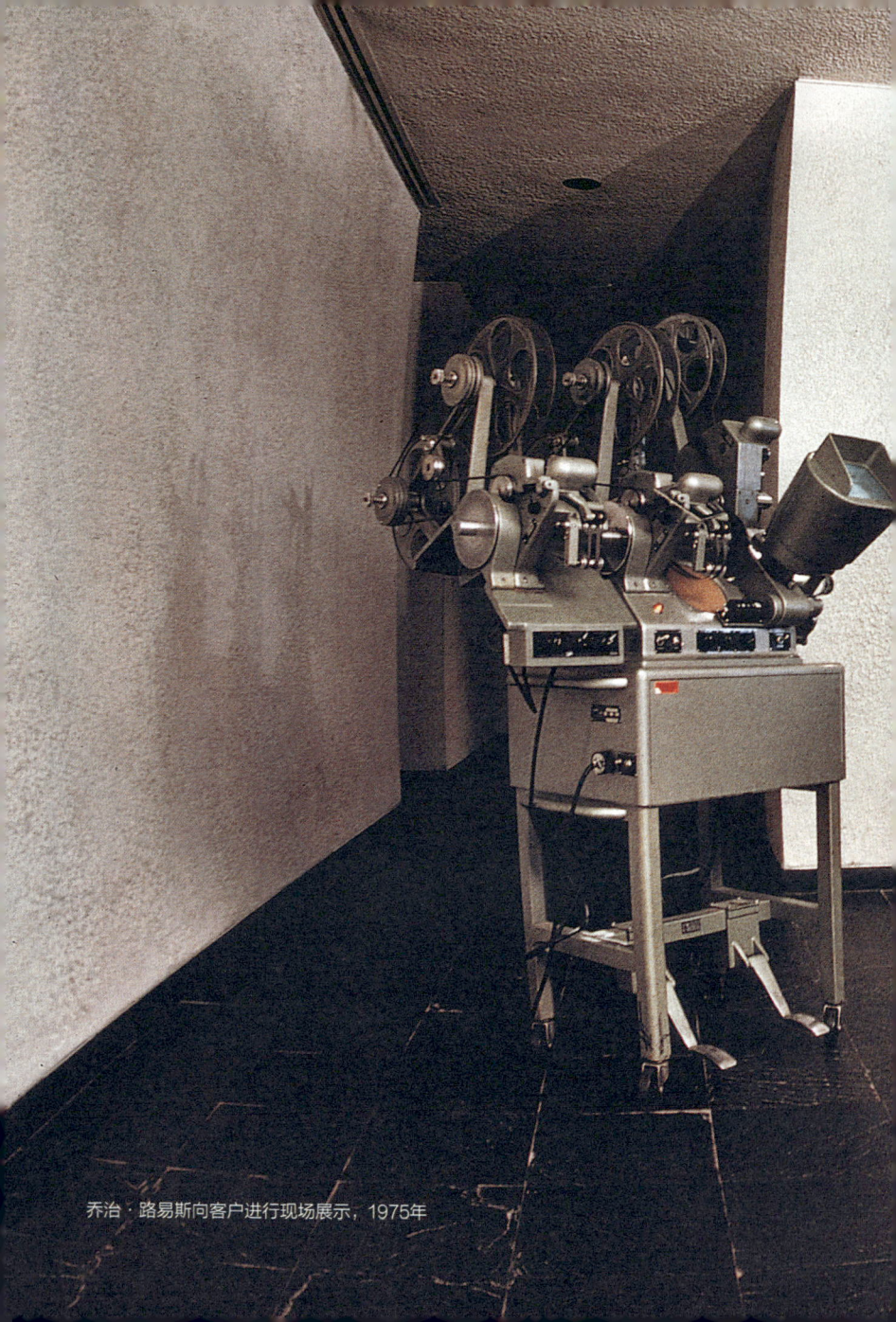
乔治·路易斯向客户进行现场展示，1975年

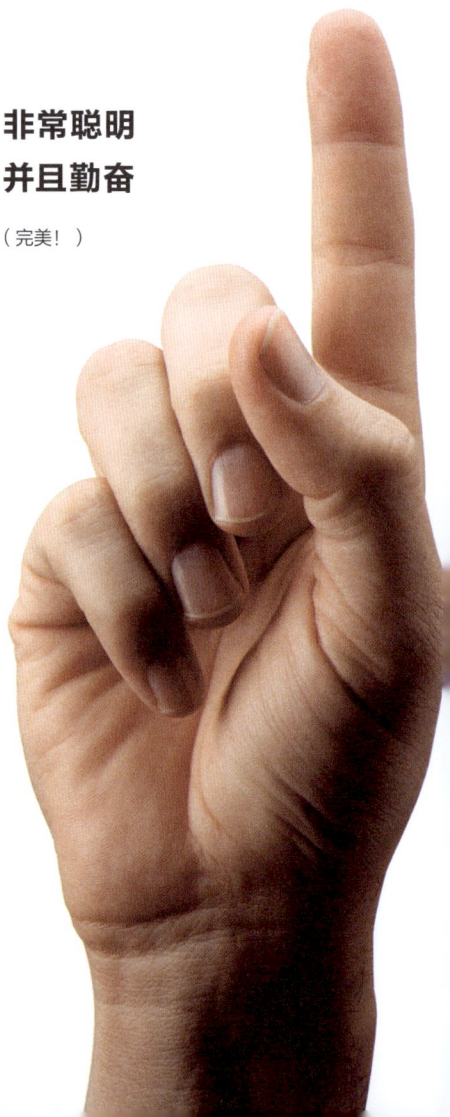

1.

世界上只有 4 种人，
你是哪一种？

1

**非常聪明
并且勤奋**

（完美！）

2

非常聪明
但懒

（该死，可惜了。）

3

傻
且懒

（你也就现在这德行了。）

4

傻
但勤奋

（妈呀，你很危险了。）

如果你是 1 或 2，
那么你将从本书获益许多。
如果你是 3 或 4，
何必要看这本书呢？

2.

**"我就是我，
我就这样。
我是大力水手。"**

无论你是男性、女性，黑人、西班牙裔、印第安人、亚裔或者其他少数民族，还是同性恋；也不论你从事什么工作，这就是你，你就是你——为自己骄傲吧！

不要试图改名换姓，不要掩饰自己的口音，不要改变你与生俱来的传承，不要诋毁自己出身卑微。

对自己真诚，你才能对世界真诚。

3.
追求幸福。

读完辛克莱·刘易斯的小说《巴比特》（1922），睿智的美国神学家、哲学家约瑟夫·坎贝尔评价道："还记得这本书的最后一句话吗？'我这一生从没做过自己想做的事。'这是一个从未追求过幸福的人。"

通过这句话，约瑟夫·坎贝尔揭示了快乐、丰富、成功人生的必要条件：追求幸福。你要把一生的热情和能量投入自己所爱的事物中。越早找到内心深处真正的幸福所在，你离成功的人生就越近。

4.

我反对的口号：
"小心，乔治！"

　　很多年前，在一个狂风暴雨的黑夜里，上帝对着婴儿床上的我降下启示："小心，乔治！"（是的，我记得一清二楚。）我人生最早的记忆是母亲口中同样的4个字："小心，乔治！"人们不断真诚地在我耳边重复这四字箴言，他们出于好意，却根本不曾深入了解我对生活和工作的态度。在创意领域，小心行事代表着同质和平庸，意味着你的作品永远不可能为人所知。

　　不顾一切好过小心谨慎。

　　大胆果断好过安全妥帖。

　　被人看到且记住，

　　好过三振出局。

　　没有中间地带。

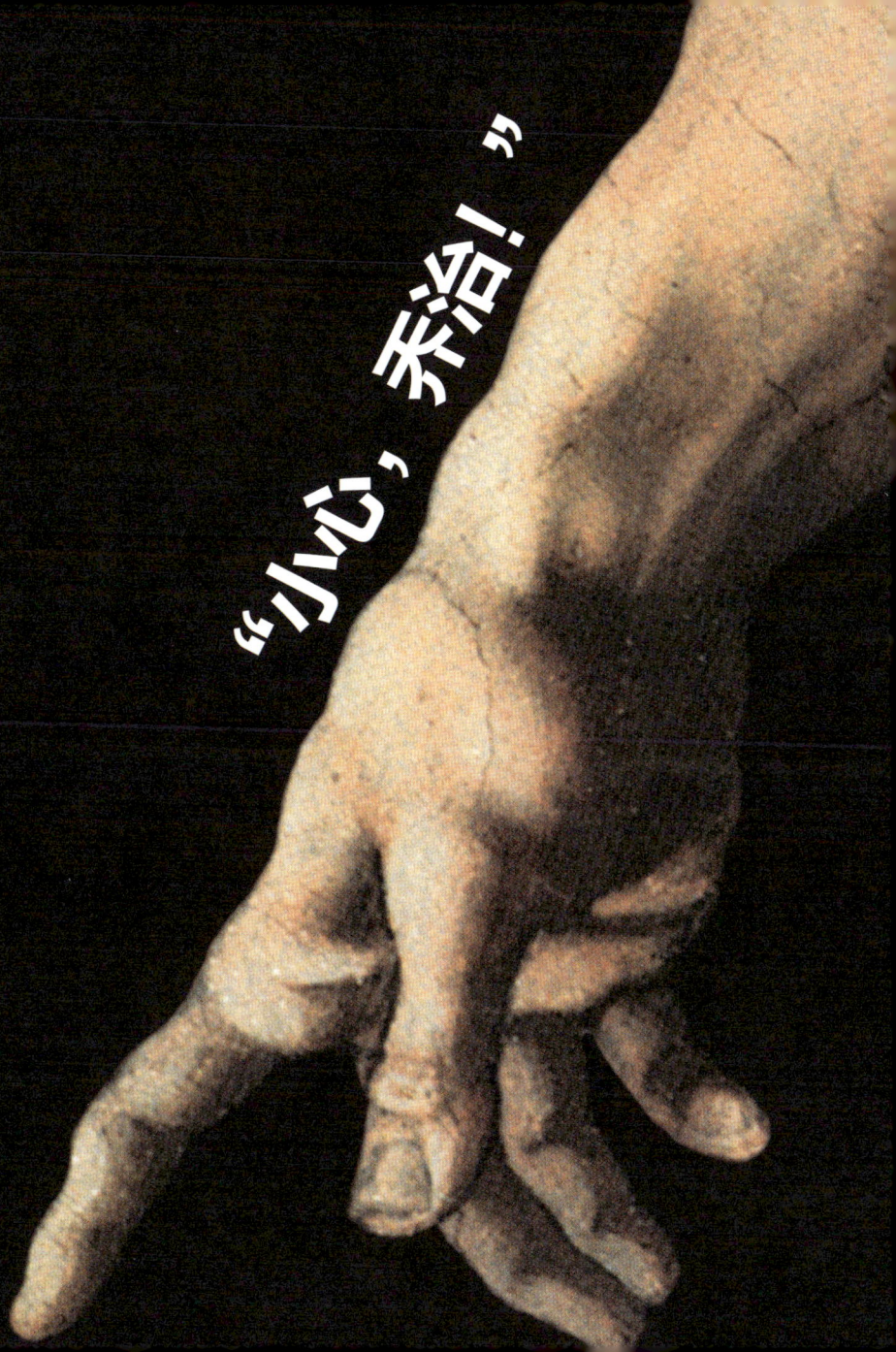

"小心，乔治！"

5.
我 14 岁的时候，
曾经有次顿悟改变和启发了我的人生。
也许它也能改变你的！

20世纪初，卡西米尔·马列维奇改变了当代艺术，把俄罗斯的先锋派艺术推向了纯抽象的方向。30年后，我所在的纽约音乐与艺术高中将这种艺术形式作为基础课，要求学生每天都依照这个模式创作。我们的作品越像马列维奇（或同款艺术家保罗·克利、赫伯特·拜耶、约瑟夫·亚伯斯和皮特·蒙德里安），老师就越喜欢。这，多！没！劲！啊！

在这门课即将结束之时，我的老师帕特森先生再次（坚决地）要求学生在一个18cm×24cm的画板上创作马列维奇式的矩形排列画作，并宣布这将成为结课作业。我开始采取行动。当26位同学又剪又贴埋头猛干时，我一动不动。帕特森先生巡视全场，亲切地拍过每一个学生的肩膀，但走到我身旁时，他瞪着眼，怒气渐渐累积。时间到了，在我双手上交那幅只在左下角签了"G.路易斯"的空白画板时，他的愤怒终于瞬间爆发。他真的大发雷霆。但无论如何，我"创作"了一幅完全空白的"矩形"！

我教会了自己：作品必须新鲜、与众不同、看起来惊人。从那以后，我真正理解了，没有什么比创意更让人激动的了。

卡西米尔·马列维奇作品
1915年

乔治·路易斯作品，
1945年

乔治·路易斯
1991年

6.

在没有核心灵感的情况下，世界上所有的工具都毫无意义。

对一位艺术家、一名广告人，或者任何与创意产业有关的人（甚至和创意无关的从业者，如医生、律师、电工、工厂工人或总统）而言，如果没有灵感，他将手无寸铁。所以对于平面设计者，当最核心的灵感冲出脑海时，概念、图像、文字和艺术之间神秘又精巧的结合便会生出魔法般的效果，就像1+1=3那样，事半功倍。

7.

但充满创意的灵感应该用努力工作去实现，否则它们对我来说一无是处。

如果下班的时候你没有筋疲力尽，那你真的太差劲了！我工作的时候，人们总会问我为何没有筋疲力尽、如何保持活力（尤其是到了这个年纪）。事实是，每天我的精神、心理和生理都完全扑在工作上，竭尽全力，工作结束时总是筋疲力尽。我每天回家时头晕眼花，路都走不直。但我爱那种眼前发黑的时候：那正是我几近疯狂地把自己逼到极限的感觉。每晚养精蓄锐后，我又将投身于新的一天。这不就是生活的全部意义吗？

8.
永远追求大创意。

在广告界，一个真正的大创意能让产品之火燎到观者的内心，从而促使销量猛增。要想成为传播大师，你的文字和图像都必须吸引人们的眼球、洞悉他们的思想、温暖他们的内心，让他们有所行动！随便读一本我写的书，那里有上百件案例可以证明我反复强调的观点：好的广告，从本质到外在，都能真正为产品加分。作为一个企业家、一个创业者，在任何创意领域——永远追求大创意。

9.
所有创意都应在十亿分之一秒之内直达人心。

最伟大的广告，如海报、包装、杂志封面、图书封面、商标等，应该在瞬间和人的大脑与内心产生联系，让人一见难忘。1960年，我为咳定宁止咳糖浆设计了一幅极简主义广告，在《生活》和《展望》杂志投放。对于当时翻开那一页的读者来说，它可算是个视觉原子弹。这个巧妙的前女权主义对话发生在一对被孩子咳嗽声吵醒的夫妇间，成了广告界茶余饭后的话题。没有产品露出，没有标识，没有任何解释。

在商界，创意展示往往又臭又长，让人插不上话，甚至看起来愚蠢，这似乎成了常态。就在你读着这段话的同时，世界上仍有成千上万的表现形式（演讲、演示和即兴表演）背离其本质——观众——甚至让他们神经紧张。你必须明白：如果不能简洁有力地表达你的想法，不能在十亿分之一秒内直达人心，你的创意就算不上一个大创意。

"John,
is
that
Billy
coughing?"

"Get up
and
give
him
some
Coldene."

"约翰，比利又咳嗽了？"
"那你起床去给他喝点儿咳定宁。"

10.

我的第一诫：
理解文字在先，创造视觉在后。

　　每当年轻的美术指导们请我透露一下广告创意的"公式"，我都会回答："从理解每个单词（word）开始！"这个建议，像《圣经》里刻在石头上的诫条一样，是我的第一诫。

　　美术指导——被很多人默认为文盲——往往被期待拥有视觉思维，他们中的大部分确实如此。他们辛苦地筛选着杂志上的图像，试图"找到灵感"，不管事实上这与他们的工作有多脱节，有多不适应。很不幸，很多美术指导并没有真正坐下来试着用笔写出自己的灵感，他们只是翘首以盼，等着文案交出文字，给他们灵感，但其实这些文案往往对视觉传达一窍不通。相反，厉害的美术指导往往能写出绝妙的头条，或者，他们能与天才文案们一起施展广告的魔法。反过来说，文案即便单打独斗，在创作时也必须让自己产生视觉上的兴奋——因为**只有充满各种视觉可能性的文字，才能表达出好的广告创意，让文字与视觉图像激荡出完美的协同效应。**

　　如果你是美术指导，记住我的话：每一个平面广告、电视宣传片和宣传广告都掌握在你手里——它们就是你的孩子。如果你是文案，我想说的是，你必须和一个有才的视觉传达者合作！

IN THE BEGINNING WAS THE WORD

太初有道
《约翰福音》1:1

11.

"很抱歉，信还不够简短，
但我真的没时间。"

Abraham Lincoln. （亚伯拉罕·林肯）

美国总统亚伯拉罕·林肯于1863年发表著名的葛底斯堡演说（短短3分钟10句话的演讲，用272个单词绞尽脑汁修改而成）之后，用潦草的小字给朋友写了一封长信，信中提到了上述道歉——他没有时间去沉思、纠正甚至编辑信中的语言。正是这封信，教会我如何写出让人易懂的文字：要尽量保持篇幅短小、信息充分、语言优美，并让每个字词充分达意。一定要记住：重要的不是你写得多短，而是你如何让它更短。

思长。书短。

12.

"我的口才好到无法用语言来形容。"

这句话百试百灵。每当我在大学里讲课或出席世界各地的设计会议时，总有人会问我："良好的表达能力在创意领域有作用吗？'艺术家'应该都是不善言辞的吧？"是吗？我会用浓重的纽约腔回答这个问题："我的口才好到无法用语言来形容。"说好听点儿就是，**如果你没法充满激情又简洁有力地描述你的创意构思，就趁早拉倒吧！**

13.
别指望电脑里蹦出好创意。

　　我亲眼目睹无数创意"专家"（以及设计系学生）对着电脑疯狂地看啊，找啊，祈祷啊，指望灵感自己出现。其实，使劲看屏幕有什么用呢，里面什么都没有！你如果脑中没有想法，电脑对你而言就是一台仅会机械运转的机器，它只会产生没有灵魂的雕虫小技，或有框架却没内容，或有想法却不实际。电脑那些看起来花里胡哨的功能，其实根本没法启发或刺激你产生任何大创意。

　　所以，在你迫切需要电脑去实现你的绝妙灵感之前，别一屁股坐在电脑前干等了！

　　人没法在学会走路之前学会跑。

呵呵……

14.
趋势就是陷阱。

广告和市场营销是一门艺术，正因如此，新困难、新挑战的解决方案应该由开放的思维在一张白纸上构想，而不是拾平庸者的牙慧。所谓"趋势"的危险恰恰在于，它会让你去寻找一个"安全"的创意，而正是这种平庸被人快速遗忘。

每到新年都有预测趋势的媒体来问我："您觉得今年广告界的趋势是什么？"对此我每年的答案都一样："别他妈的问我了，等我创造它的时候就知道了。""趋势"就是暴政，是陷阱。在任何创意产业里，当其他人都往同一个方向去努力时就意味着，至少对我来说，**新方向才是唯一的方向。**

15.

**创意不是创造出来的，而是寻找到的——
这是一种探索和发现的行为。**

伟大的广告都归功于大创意，但不会去"创造"创意，那样会限制我的作品。我会去发现它们——当它们在空气中飘向我时，我将其捕捉。（米开朗琪罗说过，雕像实则是被锁在大理石里的，只有最伟大的雕塑家能将其释放。）听起来也许很神秘，但在对产品和竞争对手做足功课之后，你会发现广告创意是基于人类7000年历史的智慧和火花。

柏拉图对"创意"（eidos）的定义是头脑内的图像。我头脑内无法产生那种图像，但我的思维能帮我看到它，在它飘向我的时候，让我靠近并抓住它。所以如果你在创意领域里想达到什么成就，去看看这个世界吧，去探索吧。

《克里斯托弗·哥伦布》
塞巴斯蒂亚诺·德·皮翁博作品
1520年

当你可以成为一个文化煽动者时，
别甘心只做个创意思考者！

　　伟大的设计和语言交流，都建立在适应和理解文化、预判文化趋势、对文化转型的批判，以及促进文化转型的基础上。任何人（企业家、发明家、投资者、艺术家、平面设计师、广告人、时装设计师、建筑师、编辑、医生、律师和政客），只要他们的本能是反保守、反随大溜、反金钱崇拜，只要他们能理解这个时代的精神，他们就能成为充满激情和才能的文化煽动者。所以，如果你是个有企业家精神的年轻人，渴望在工作和生活中都取得成功，那么你的任务不是沉默，而是要保持清醒，要敢于发声，要去传播，去控制，去怂恿，甚至去煽动。

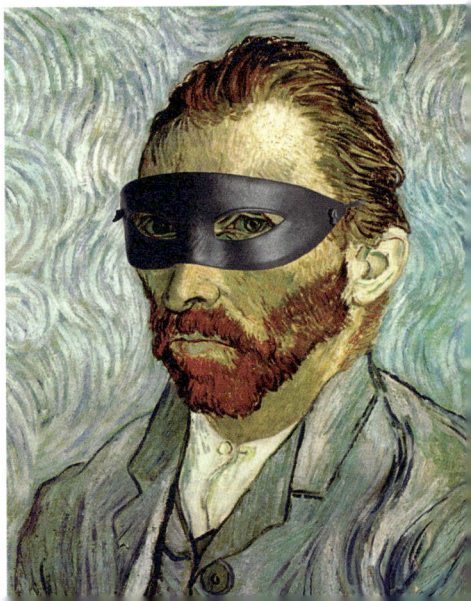

《文森特·梵·高自画像》
1889年
乔治·路易斯再创作于2011年

17.

大创意可以改变世界文化。

全球音乐电视台（以下简称MTV），现在人们都认为它的成名"理所当然"，但它第一年的运营其实非常惨淡。是我在1982年做的一个广告开启了它的成功——我的广告触动了摇滚粉丝们，他们打电话给华纳运通电视台的有线电视运营商，冲运营商大喊广告中的口号"我要我的MTV"。运营商不堪重负（大概需要一个接线员大部队来接听粉丝电话），甚至请求电视台停播我的广告。从此，MTV闪耀于舞台。

这则广告投放几周前，我向MTV的高层阐述我的想法，但他们坚持认为：没有摇滚明星会支持MTV，因为音乐发行商担心MTV的概念会抢走传统市场；唱片公司会拒绝做音乐录影带；广告商会觉得这是个笑话；代理商会偷笑；有线电视运营商会嘲笑。但在我和远在伦敦的滚石乐队主唱米克·贾格尔辩论三百回合之后，他同意帮助我们（无偿的）。在米克·贾格尔真正封爵之前20年，我就已经让他成了MTV的神。米克·贾格尔拨通电话并说出那句"我要我的MTV"之后，几乎所有美国的摇滚明星都开始给我打电话，请求我让他们冲全世界喊出那句"我要我的MTV"。

这件事教会了我一个（大多数代理商都不懂的）道理，**伟大的广告可以成为拯救营销状况的奇迹！**

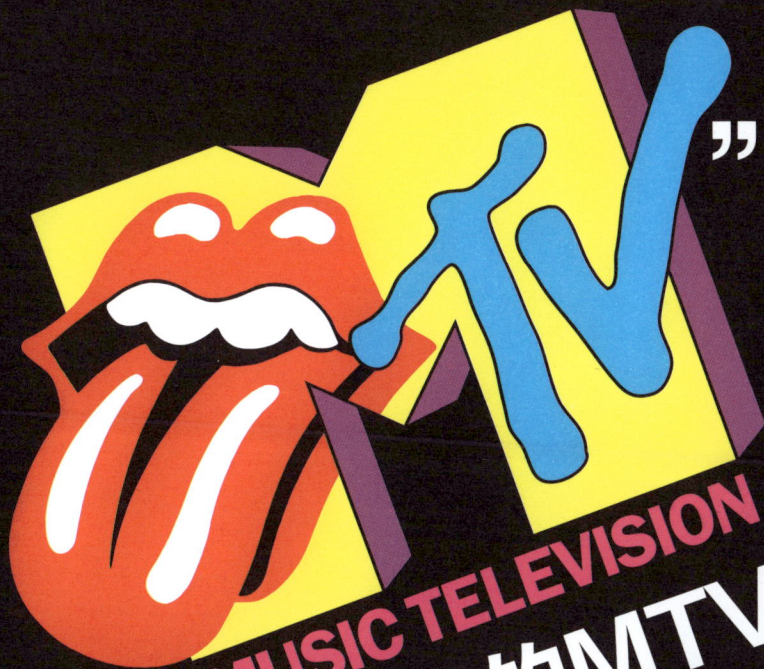

"I want my MTV"

MUSIC TELEVISION

我要我的MTV！

18.

"新广告、海报、品牌名称、
信纸的信头标题、火柴盒外包装，
甚至楼牌号码的设计，
每一个作品里，
都埋藏着伟大的方案、绝妙的大创意。"

我曾经在讲课的时候偶然提到这句话。一周后，一位房地产商找到我，让我给时代广场20号设计一个标识（logo）。这就好像上帝只给了我两个选择：好好弄或者干脆放弃。几个世纪以来，人们设计了不计其数的美丽标识，但只是标识而已，绝不算是个大创意。老天爷啊——是你的话，你怎么设计时代广场20号的标识呢？！我想到了！

数字20，一个乘号（"times"是时代，也是乘号），和一个方块（"square"是广场，也是方块）！

我总说我绝不会"创造"一个想法。

大创意的获得过程并不是一个灵感和启发的过程，而是一种探索和发现的行为（见本书第15条）。

我给时代广场20号设计的标识证明了这一点。

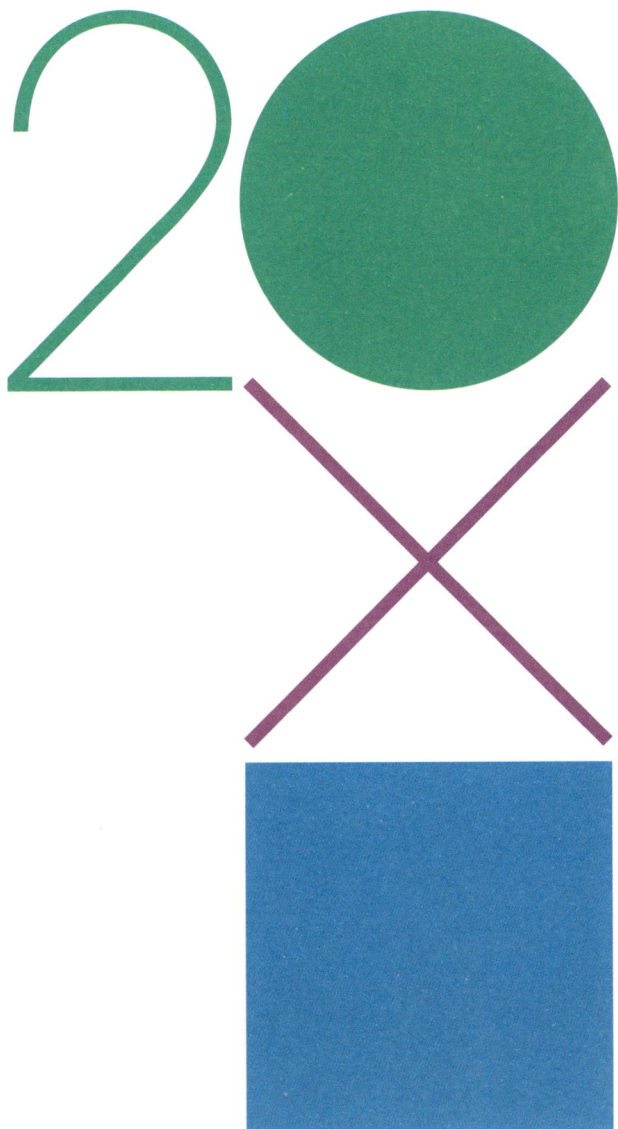

19.

你可以很谨慎，
你可以很有创意。
（但绝没有"谨慎地做创意"这种东西。）

　　创意工作者必须无所畏惧。

　　如果比起果断坚决，你更倾向于犹豫踌躇；如果比起大胆创意，你更倾向于谨慎小心，那么你永远也无法成为一个创意产业的领导者，当然也无法成为一个伟大的视觉传达者。

　　"谨慎地做创意"本身就是一种矛盾。

20.
但永远要记住，
你是在卖东西。
要注重销量啊！

在我们生活的这个时代，学生和年轻的专业人士们总是受到限制，他们总被教导广告不应该看起来"商业"，不应该让人感觉到"这是个广告"！但事实上，伟大的商业广告应该传达，并且应该直截了当地传达"这是个广告，我们是追求销量的"——当然不是以往用户脑子里揳钉子的方式，而是要用广告本身的魅力把用户迷住！人们其实很享受被卖广告的过程，他们完全明白自己是如何被广告的艺术迷住的，当然了，当被调研者问到的时候，他们仍会坚称痛恨广告——相信我，**当你做了正确的事情，钱自然会滚滚而来。**

21.
"广告，"我回答道，
"就是毒气！"

　　我曾参加过一次面向全国观众的电视访谈，与两位大广告公司的CEO一起谈论广告。访谈的第一个问题便是："先生们，广告是什么？"同席那位穿灰西装的大人物花了5分钟侃侃而谈，像大学课堂里的退休老教授一样陈述了市场的特点。另一位专家则对前者表示了强烈赞同，称其高度总结了广告的概念。听到这些成功人士滔滔不绝时，我消沉地坐在椅子里，沮丧地翻着白眼。主持人注意到我，转身问道："你这表情什么意思，乔治？你不同意这两位先生的说法吗？"我稍稍前倾，说道："我觉得他们俩和我不是一行的。"主持人似乎对访谈里这种戏剧化的效果很满意，便问我："那你认为，广告是什么？""广告，"我一字一句地回答，"就是毒气。**它应该让你流泪，摧毁你的神经系统，然后把你击溃。**"随着节目的播出，我的言论很快登上了全国报纸的头条："广告人声称广告是毒气。"柏拉图或斯宾诺莎也许可以辩清伟大创意的逻辑构成，但他们永远不可能创造出"毒气"，或者做出用创意将人击溃的事情。

POISON GAS

毒气

你永远不会从错误中学到什么!

　　就像打棒球,我的目标肯定是全垒打,而不是拖棒触击,但事实是,我常常三振出局。我也有过失手的案例,我的创意也不是个个精彩,但我一直在为产生极佳的创意奋斗着。失败或许会让你暂停、清醒、变得更谦虚,但那样,你就不会再无所畏惧。

　　向前,向上。

　　永远不要思量犯过的错误。

23.

构思大创意的时候，
千万别听音乐。

　　如果你是个音乐爱好者，尤其别这么做。伟大的音乐能让你沉浸
其中，让你放松，让你游离，但当你在努力思考时，别让它把你带跑。

24.
让你的大创意驶至悬崖边缘
（但再往前一步即死）。

不寻常的想法往往接近疯狂。创意本身就是个肾上腺素分泌的过程。好创意必须产生在极值的状况下。不把自己逼到边缘是怯懦的表现。因此，想要拥有伟大的创意，必须接近疯狂。但太激进必死。所以这里的技巧就是，知道该何时停止。人们对你的疯狂肯定会有所偏见，他们也许是对的，但你必须为此冒险。

25.
拒绝"集体乱搞"。

仔细想想,那些决定性、突破性的创意,大多只由一个、两个或三个大脑共同产出。集体思维往往让创意陷入僵局。而且,团队中有主意的人越多,决策所需的时间就越长。作为一个大众传播者和文化煽动者,我的经验是,集体思考和决策很大程度上会导致"集体乱搞"。

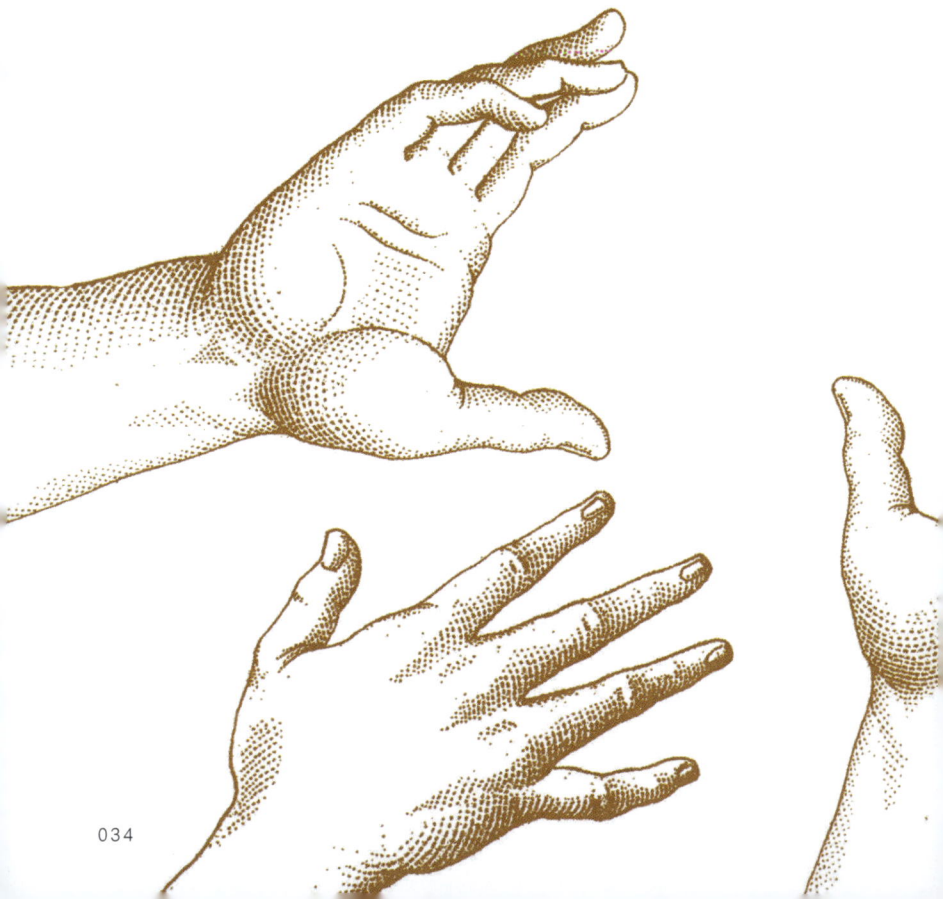

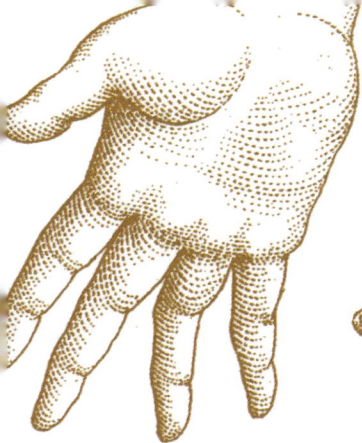

26.
拒绝过度分析。

你想到一个绝妙的大创意，经过一番深思熟虑，你知道它完全没问题，绝对完美，让你的每一个细胞激动颤抖。它适用于纸媒吗？是的。适用于电视媒体吗？当然。那就赶紧写下来告诉客户吧!

相信你的直觉和本能。不要过度地讨论或分析，它们会让你产生怀疑，你再去反复思考其实是完全没用的，这就是分析麻痹——过多分析导致（思想）瘫痪。

27.

团队协作在阿米什人建造谷仓的时候
没准儿有用，
但它没法帮你产生大创意。

团队协作是被普遍接受的民主的创意思考方式。别信这个。在创意行业的方方面面，你想要搞出一个大创意的话，永远要和你所能找到的最有才华、最具创新的头脑合作。当然了，最好你就是那样的人。记住，避免"集体乱搞"（见本书第25条），拒绝过度分析（见本书第26条）。这个时代最棒的创新思考者是苹果公司的创始人史蒂夫·乔布斯，他是当代的亨利·福特。乔布斯并不是一个建立共识的人，而是一个独裁者。他听从自己的直觉，并极具审美眼光。

每个人都相信创意是合作而产生的——但我不信。你需要自信，需要崭露锋芒，需要展现个人才能。

（团队合作是大创意产生之后的必需品，你需要和团队共同兜售大创意、制作大创意、实现大创意。）

28.

一鸣惊人之前，你不能只跟别人夸夸其谈"信我吧我特棒"。

在得到第一个能让你大展拳脚的工作之前，你必须证明自己是有才华的。在广告界，你绝对不能只告诉别人"我特别有才华，给我个机会吧"。我见过太多这样的年轻人了，真想一人一枚硬币打发走。你必须用事实去证明自己的潜力，比如工作经验和好的艺术训练。一些艺术学院，比如纽约视觉艺术学院，有经验丰富的美术指导和文案老师在授课。去这样的学校学习一些设计基础课程吧，积攒一定程度的创作经验，其实就等于在你的简历上写下了重要的一笔。

IT'S NOT THE LIGHT AT THE END OF THE TUNNEL,
IT'S THE LIGHT WITHIN.
SCHOOL OF VISUAL ARTS

关键不是隧道尽头的光，而是心中有光。

纽约视觉艺术学院的地铁海报
托尼·帕拉迪诺设计
1985年

29.
你的作品集应该能自己说话，
应该帮你煽风点火，帮你闪瞎别人的双眼。

很多雇主会抱怨新入行的年轻人不敢冒险，僵硬呆板。其实这很正常，我们都有恐惧，对生命恐惧，对工作恐惧，对死亡恐惧。学生们被教导作品要表现得"专业"，而不是让人大吃一惊。创意者们大声疾呼希望新人敢于冒险，但当真正看到"出格"的作品，又会批评作者缺乏纪律，或者为人不可靠。这很让人迷惑——孩子们被教育得畏首畏尾。人们一直告诉我"小心，乔治！"（见本书第4条），但小心的代价就是做不出激动人心的作品来。

30.

**我不是犹太人，
但这并不影响我喜欢这支广告。
所以请像我这样做——
找到震撼你心灵的广告，
然后去为这家广告公司工作。**

在被这支列维黑麦面包广告的智慧和力量深深打动后，当时20多岁、已在设计界崭露头角的我，打定主意要进入这家20世纪最先锋的创意公司——恒美广告公司。大师级美术指导比尔·陶宾和文案戴夫·莱德尔，这对令人愉悦的搭档，洞察了人性中温暖的一面，来售卖这款带有民族特性的产品。在这个系列里，他们找来印第安人、爱尔兰裔警察、华裔洗衣工、天主教唱诗班少年，甚至美国独立电影先驱巴斯特·基顿，描绘了他们咬下一口列维黑麦面包之后的形象。这则广告将令人过目不忘的标语和震撼的视觉效果巧妙结合，在十亿分之一秒内直达了人心（见本书第64条）。于是在1958年，当我加入恒美广告公司，这家公司的传奇老板威廉·伯恩巴克，这个希腊"非犹太人"，深深地感谢了陶宾和莱德尔，是他们的创意让我来到了恒美广告公司。

无论你在哪个行业，找出引领革命的领航人，然后去为那些能足够震撼你的公司工作。

You don't have
to be Jewish

to love Levy's
real Jewish Rye

就算不是犹太人
你也会爱上
列维的纯正犹太黑麦面包

Deus propitius
esto michi pec-
catori et cu-
stos mei om-
nibus diebus
vite mee

31.
工作即崇拜。

做自己喜欢的工作，做好它，是和呼吸一样重要的事。做出好的创意能温暖人心，让心灵充实。有幸从事自己热爱且擅长的工作的人是富有的。所以如果你没有全身心投入，不用尽全力成为行业中的顶尖者，那么太可惜了，你就是在浪费你的才华，辱没你的使命，辜负你的神。

32.
你对工作的初心和热爱，
应该贯穿整个职业生涯。（并且要靠它赚到钱！）

苏格兰作家托马斯·卡莱尔曾经写道："找到热爱的工作的人是有福的，他不需要其他的福音。"我在普瑞特艺术学院就读的第二年，设计老师赫舍尔·莱维特把我拽出象牙塔，帮我在里巴·索契斯的设计工作室找了一份实习工作。我永远记得那种找到梦寐以求的工作，并因此得到报酬的美妙感觉。我也始终记得第一次站在提款机前，取出第一周的45美元工资的时候，那种兴奋和满足感。60年后，我仍旧能从做热爱的工作并赚钱这件事里感受到温暖和慰藉。那些理解我这种感觉的人，应该在拿着咖啡去上班的路上，意识到自己的这种价值。

左图：《祈祷的年轻男子》（局部）
汉斯·梅姆林作品，1475年

33.
让别人注意到你！

1952年，从朝鲜战场上回来后一周，我在哥伦比亚广播公司找到了一份梦寐以求的工作，和传奇设计大师威廉·戈尔登共事。就职第二天，我准备向戈尔登展示自己的第一份设计作品。当我向戈尔登的秘书提出这个要求后，她从一本巨大的词典后面抬起头，露出紧张而微妙的笑容说道："去吧！"

从巨大的办公室门口望进去，戈尔登正在角落里的绘图桌边忙碌。我礼貌地敲门进去，耐心地等待，但他干着自己的事儿，连头也不抬。我清清嗓子，但他充耳不闻。他知道我在那里，我也知道他肯定不会抬头。这是一场意志力的战争。

我转身找到他的秘书："可以借你的词典一用吗？"**我把这本庞然大物抱进去，走到戈尔登书桌前不到1米远的地方，把书举到齐胸高，然后撒手——一声巨响！**戈尔登手里的铅笔脱了手，他终于抬起头："哦，乔治，我能为你做些什么？"我递上自己的设计："这是我为《荒野大镖客》做的广告方案。""很好，乔治。非常棒！"直到他看完之后，我才拿回了自己的方案，并把词典还给吓坏了的秘书。

第二天早上，我接到了戈尔登夫人——知名平面设计师赛伯·潘列斯打来的电话。她带着浓重的维也纳口音对我说："乔——乔治，你不认识我，我是威廉的妻子。我只是想恭喜你，你不吃威廉那一套，做得太对了！"

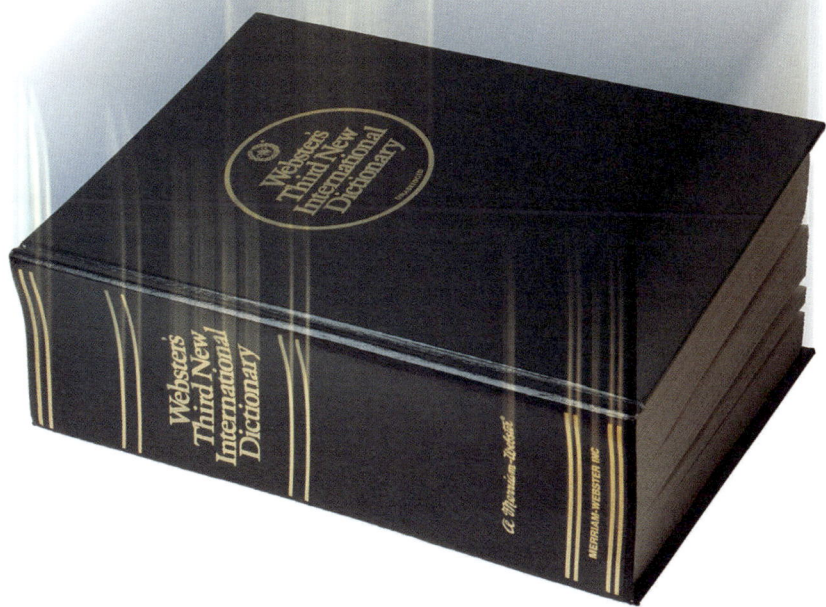

34.
让一百万美元看起来像一千万美元！

　　当我还是恒美广告公司一名年轻的美术指导时，我从不让任何人替自己阐述创意。我的老板威廉·伯恩巴克了解我的行事风格，嘱咐销售代表们放任这个疯狂的希腊裔年轻人自行销售创意。有一次，我和两位销售主管、企业的媒介指导和一位高级文案一起，向一位重要客户陈述创意提案，威廉·伯恩巴克及合伙人内德·多伊尔也在场。客户对我的提案非常满意。会后寒暄时，客户客套地问了一圈同事们的职务，然后转身，带着玩笑似的语气问我："对了，乔治，你是干吗的？""我负责让一百万美元看起来像一千万美元。"我答道。老板彻底吓傻了。从那之后，恒美广告公司的每个人都叫我"千万男子"。不仅要自信地卖创意，而且要带着千万珠宝大盗的气场去卖。

35.

如果是个急活儿，别说 No，说

NOW!

广告这个工作，基本上就是不停地赶各种时限（deadline），有别人定下的时限，也有自己作死设置的。在我的人生里，我一直在说"Now"（现在），而不是"No"（不）。大多数创意行业都这样，所以不管你做的是什么，都要快，要及时，要完美。

36.

**大多数人都在保住工作，
而不是做好工作。**

如果你是前者，你的人生毫无意义。

如果你是后者，继续保持。

37.
再牛的想法也不能自己为自己叫卖。

左图的3个人分别是罗恩·霍兰、我和吉姆·卡拉韦。那是1967年，我的第二家广告公司路易斯·霍兰·卡拉韦成立后不久，我们正在（手舞足蹈地）向一名新客户陈述创意方案。

当你阐述大创意时，一定记住3件事：

1. 告诉人们他们会看到什么；

2. 展示创意；

3. 用戏剧化的方式，告诉人们刚才他们看到了什么。

为了卖出一个创意，我还是很拼命的，有很多极端的手段，比如大骂、咆哮、恐吓、硬推、催促、哄骗、说理、诱惑、夸张、拍马屁、操控人心、故意惹人厌、大声讲话，甚至无伤大雅地说谎。保持热情，保证卖出！林肯说过，好的宣讲者应该像轰蜜蜂一样手舞足蹈。

要做成功的创意，你要做好一辈子轰蜜蜂的准备（就算有时候会被蜇）。

38.

销售是门艺术，
是学识和表演能力的殿堂级展示。

　　这个故事可称是专业鉴定与个人风格的完美结合，它的主角是著名艺术品交易商杜维恩勋爵。有一次，应J.P.摩根——20世纪最富有、最重要的收藏家之邀，杜维恩勋爵来到前者位于第五大道的豪宅。勋爵身穿燕尾服，脚踩高筒靴，头戴高顶礼帽，手握绅士手杖，潇洒倜傥地赴约。摩根毫不客气，径直要求他从5只花瓶里，分辨出3只明代珍贵花瓶和2个花重金打造的高仿品。杜维恩勋爵大摇大摆地走到花瓶前面，连看都没看，扬起镶嵌着珍珠的手杖，凶狠地把两个花瓶瞬间击碎。从那天起，J.P.摩根入手的每一幅画作、每一件艺术品都来自这位了不起的艺术商人。

　　从杜维恩勋爵的强大自信中，我们可以看出，销售是一门艺术，要想成功必须掌握。

39.

搞定潜在客户，
要把你的创意像钉子一样，钉进他的脑海。

　　我找到《今日美国》的老板阿尔·纽哈斯谈合作时，他冲我吼道："路易斯，如果和你合作，我就必须换掉全美最大的广告公司。要知道，他们在报业集团的其他刊物上还投放着海量广告。我突然撤换代理商，外界会怎么议论？"

　　我礼貌地回答道："人们大概会觉得，你脑子终于被门缝给挤好了！你现在的那些广告完全没血性，你值得拥有更牛的广告！"

　　几个月后，阿尔·纽哈斯向全

世界昭告，他找到了对路的广告代理——我——并且那些广告真的很棒！

　　当潜在客户问你一个需要决一死战的问题时，不必彬彬有礼，只要稳准狠地告诉他真相就好。

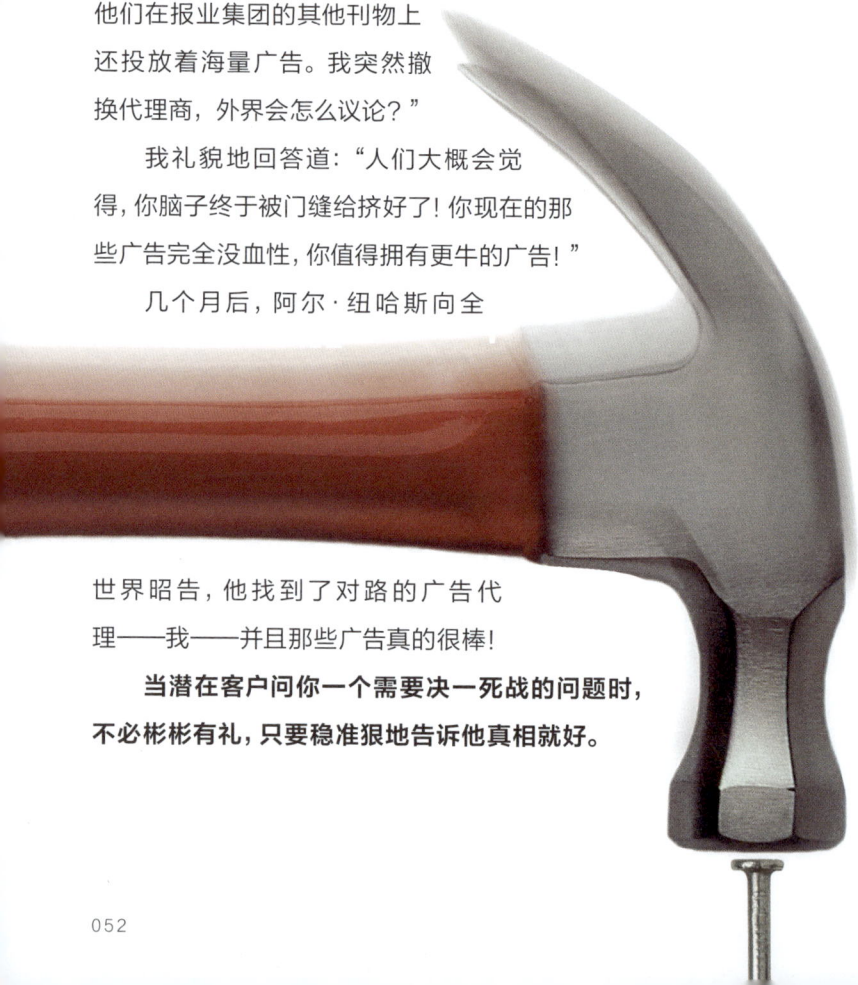

40.

"路易斯，'Yes'这个答案远远不够！"

我职业生涯中反复听到的一句话。

我拒绝把"Yes"作为满意的标准。我承认自己有时候过度热情，会一遍又一遍地向客户陈述创意的内容（就算客户已经高高兴兴地接纳了这个创意）。我会在会议室里滔滔不绝，引经据典，保证这个投放一定会成功，没有预设条件，没有意外。（现在的广告公司可不敢这么说了，因为他们中的大多数并不相信创意的奇迹。）

对，我承认我有时候有点儿过，但每当我从会议室里走出去的时候，客户不仅相信我的工作，更重要的是，他们相信我。

41.

来，张嘴，说"啊……"。

在任何行业发挥创意，就像医生给病人开药，是救人命的事情，所以必须严肃对待。

42.

为了伟大的创意，请这样分配你的时间：
1%——灵感
9%——努力
90%——说服力

　　我不管你多么有才华。你要拥有创意，并且能把你最棒的创意做出来——使之具有说服力，然后把它卖掉（卖给身边的人，卖给你老板，卖给你的客户、律师、电视制片人，等等），这便是伟大的创意人区别于好的创意人的关键点。

43.

让"唱白脸的人"去死吧。

　　那些自以为是的"唱白脸的人"潜伏在每一个即将达成一致的会议末尾。他们总是紧锁眉头，嘴里说着"让我来唱唱白脸吧"，唱起反调，发表冗长无味的论述。他们就是我之前（见本书第25条）说的那些导致团队效率低下的人，想太多导致思维麻痹的人（见本书第26条）。他们打着谨慎行事、保守思想的旗号阻碍计划的顺利进行。任何创意在有"唱白脸的人"在场的情况下，都要多加小心。

44.
当你阐述大创意时，
做好回答蠢问题的准备。

这在开会的时候防不胜防，总会有人不得要领问出蠢问题，确保在他说完之前给他有力的回击即可。

45.
但这不意味着你不应该
（偶尔地）拍马屁！

我和撰稿人罗恩·霍兰合作为餐饮传奇乔·鲍姆创作了数以千计的小空间广告，鲍姆的数十家（或者更多）餐厅在某种程度上改变了曼哈顿的街道风貌。罗恩是个单身汉，总是受邀在鲍姆夫妇的乡间屋舍里长住，像被这对夫妇收养了一般。某个周一早上，我和这两人讨论一个方案的时候，他们突然没来由地吵起来了，面红耳赤，互不相让。我当时也傻了。最后，罗恩冲着鲍姆喊道：**"乔，你去死吧！"**

我快速接了一句：**"死也是个有钱人！"**

（别说我不懂拍马屁！）

46.
如果其他办法都不奏效，
就只能以死相逼了。

    1959年，我为古德曼公司出产的无酵饼做了一张逾越节海报，计划投放在纽约地铁里。海报的大标题由两个举世皆知（至少纽约人都知道）的希伯来语词汇组成，意为"逾越节可食"，标题下方是一张巨大的无酵饼图片。但公司的客服人员反馈称，客户对这幅海报并不买账。于是，我找到我的老板威廉·伯恩巴克，坚持要求亲自见见这位客户——古德曼的老板，一个犹太裔的找茬儿大王、老顽固。见面之后，他打着哈欠听我充满激情的陈述。当我展开海报，他嘟囔着"我不喜欢"时，我装作没听见，俯身继续展示创意理念。眼看着他希伯来血统的雇员们一个接一个被说服，老暴君轻敲桌子以示安静："不，不，"他说，"我不喜欢！"我只好祭出最后一招——我走向一扇开着的窗户，开始向外爬。他这时嚷道："你这是要去哪儿？"他和雇员们震惊地盯着我，而我就像洗窗户的工人，身子悬空在人行道上方，左手抓着拉窗户的绳子，右手挥舞着那张海报，用尽胸腔里所有的氧气大喊：**"你做你的无酵饼，让我做我的广告！"**

    "行了，行了！"暴怒的老头子说，"我们照你说的办。"

    我见好就收，爬回屋内，感谢这位"大长老"以愉快的方式接受了我的创意。我离开的时候，他在我身后喊道：**"小伙子，如果你以后不干广告了，来我这儿当销售！"**

in the best
Passover
tradition!

逾越节可食
遵循逾越节最佳传统!

47.

对待创业项目和好的想法，
创意人应该有比 CEO 更敏锐的商业嗅觉。

1982年，捷飞络，一个有着5家连锁店的快捷加油公司找上门来。我们告诉这家公司，如果能在全国范围内做一个电视广告，3年内他们可以拥有1000家连锁店。在我不断争取之后，他们不仅同意我们做电视广告，还让我们全权负责他们的市场规划。一夜之间，我们说服了全美国的车主去捷飞络换机油，3年之内，他们在全美的连锁店超过了2000家！

48.

当你认为客户的营销策略错得离谱时，
就创造一个让他大吃一惊的品牌名吧！

20世纪70年代末期，我们接到了一个新客户，斯托弗冷冻食品公司。和该公司负责人第一次"共进晚餐"时，我礼貌地问他们，有没有打入"健康冷冻食品"市场的意图。他们说"健康食品"并不在规划范围内，那种食品原料贵、利润低……还说了很多废话。

我表示，健康日益成为生活潮流，而且越来越多的女性开始工作，斯托弗公司应该考虑推出高质量的健康食品，应对市场趋势。他们不置可否。

那一晚，我辗转反侧，反复思考着健康冷冻食品的问题，于是……哈！足以代表革命性产品线的品牌名称"**瘦美食**"（Lean Cuisine）应运而生！我迅速将这一创意提交给斯托弗公司的CEO，有史以来第一次，我不需要自己出面阐述这个创意，"瘦"和"美食"说明了一切，对方果然接受了我的创意。一个新的市场品类出现了！

有时候，你绞尽脑汁想出的市场洞见无法打动客户，但一个充满创意和巧思的品牌名称却可以成为价值连城的销售契机！

49.
拥有一位眼光敏锐的客户是好事儿。

我接到国际象棋大师加里·卡斯帕罗夫的经纪人的邀请，为在曼哈顿举行的世界国际象棋锦标赛设计了右图的海报——我设计了卡斯帕罗夫和他的竞争对手阿纳托利·卡尔波夫的侧面剪影，营造了面对面竞争的激烈氛围。卡斯帕罗夫的经纪人坚持认为，这幅海报不足以吸引卡斯帕罗夫，因此不需要交给他本人过目。但在几轮言语不通的争辩过后，我说服经纪人把作品展现给这位俄罗斯天才。显然，那颗在他和竞争对手中间的白色棋子打动了卡斯帕罗夫，他用俄式英语说道："谢谢你，同志！卡斯帕罗夫和卡尔波夫面对面，中间是一枚白王后！"

伟大的作品要呈现给能拿主意的人。问题是，有些时候对于决策者的下属来说，他们有说"No"的权力，但并没有说"Yes"的权力——**所以你必须把作品呈献给那个做决定的人！**

GARRY KASPAROV VS. ANATOLY KARPOV 1990 WORLD CHESS CHAMPIONSHIP

OCTOBER 8 — NOVEMBER 10, 1990 NEW YORK CITY

加里·卡斯帕罗夫VS阿纳托利·卡尔波夫
1990世界国际象棋锦标赛
10.8—10.10
纽约

50.

调查是创意的敌人——
除非是你自己的"创意性"调查（嘿嘿）。

广告是门艺术，而不是科学。如果你做广告是为了通过一些研究测试，那就是"科学"的范畴了。我的大多数广告计划都无法顺利通过前期调查，因为我的创意理念常常是前卫、刺激的，所谓"目标受众"的分散观点只会让它分崩离析。不过，我倒是曾经利用一次市场调查（由我的广告公司策划并执行）的机会，为桂格燕麦公司旗下的糖浆品牌"杰米玛阿姨"赢得了巨大的市场反响。不知为何，当时桂格燕麦公司十分抗拒推出杰米玛阿姨牌糖浆，于是，我制作了一份针对该品牌煎饼馅料的调查问卷，在问卷末尾询问用户最近使用的糖浆品牌，并把当时并不存在的杰米玛阿姨牌糖浆放在了10个备选答案之中。结果，89%的用户都选择了这个不存在的糖浆。我的客户震惊万分，心服口服，终于决定进军糖浆市场。短短1年之内，杰米玛阿姨牌糖浆就成了全美最畅销的糖浆。

如果无法说服客户去赢得那些显而易见的市场，你就操纵他们（去赢得那些市场）。

51.

向大企业的金主们阐述想法时，
如果超过三句话，
那就不是一个大创意！

三句话之后，人们的注意力就转移了。

52.
只要创意足够棒，
你就可以带领客户去期待他们不敢期待的事情！

当我提出可以连哄带骗地找来15位炙手可热的运动员，让他们出现在ESPN（24小时连续播出的付费体育频道）的《正面对抗》广告里时，ESPN的总裁哈哈大笑。在1992年，ESPN在大众心里还是一个不太成气候的体育频道。为了让体育迷知道ESPN在体育频道中的明显优势，我找到了他们的总裁，告诉他，他们需要一个让人终生难忘的广告，并列出了我计划邀请的15位超级体育明星。

"路易斯，没有5万美元，这些人肯定没有一个愿意接这活儿。"他咆哮道。

但我成功地把名单上每一位大明星都哄了过来，就因为我明白两件客户不明白的事：ESPN绝对有实力成为行业巨头，以及体育明星们都乐意出现在我的广告里。

这则成功扭转企业形象的广告成了哈佛商学院的经典案例。ESPN的广告位全部售罄，他们也从人们的最末选择跃升为第一选择，甚至排在了美国广播公司、哥伦比亚广播公司甚至全国广播公司前面。这个曾经被认为是痴人说梦的创意，同样被放到了ESPN杂志和周边产品上。**如果有必要，你要拽着客户去实现市场突破。**

"月亮"穆恩出场，
ESPN "正面对抗"！
——沃伦·穆恩

53.
永远、永远不要为坏人工作。

1963年11月22日，听到肯尼迪遇刺的噩耗之后，我们立刻叫停了所有客户的电视广告。当时总统的情况尚不确定，各大广播电视网也还没有发布停播广告的通知，但我们的客户都同意彼时并不是播放广告的好时机。然而，我们在国家航空公司的客户J.丹·布罗克却拒绝了这一要求，他在电话里用浓重的南方口音慢吞吞地说："我觉得你们这帮纽约小伙子，是不是把这事儿搞得太严重了？"我立马抢过电话说："不好意思，丹，你是不是还没听说，总统刚刚遭到枪击了！""妈的，路易斯！"布罗克说，"他死了！我们在庆祝！"

"嘿，丹，"我用纽约腔回敬他，"去你的吧！"然后愤怒地挂了电话，取消了他们所有的电视广告。第二天早上（真是一个大惊喜），J.丹·布罗克就把我们给炒了。简直是完美的解脱。

当我们被炒的原因传扬开来，公司里每一个人都无比自豪。

绝不为坏人工作，永远不要。

约翰·F. 肯尼迪遇刺现场
达拉斯, 得克萨斯州, 1963年

54.

永远不要吃屎。

（如果一样东西看起来像屎，

闻起来像屎，

吃起来也像屎⋯⋯

那它就是屎。）

　　如果你发觉自己在一段关系（和老板、上司、合作伙伴或客户）里不断地被利用、欺凌，承认吧——你在吃屎。如果没有将其结束的勇气，你永远都不会做出伟大的作品。赶紧结束这段关系。

55.
用真理让大人物保持诚实。

亚伯拉罕·林肯说过："在应当抗争的时刻保持沉默，是一种罪恶，是懦夫的行为。"作为创意工作者，我们中创作出最佳艺术作品的人往往是文化煽动者，能够去对抗所有类型的权威，甚至神。加入我们创意的阵营吧，我们会反抗所谓的商业大亨、贪污者、得势者、法庭、政治家、华尔街的葛朗台们、剥削穷人及弱势群体的政府，以及任何钱财和权力上的腐败者。

鲍勃·迪伦曾经用著名歌曲《战争贩子》形容这一切：

我想你终究会明白，
当死神降临时，
不管一生赚多少钱，
都买不回你的灵魂。

56.
哭不管用！

　　客户一定会很挑剔，一遍又一遍地毙掉你的创意，他会说你做得不好，但他不会阻止你去做好。你可以用更好的作品回击，或者干脆找个更好的客户。所以别再为了不识货的客户和躺在文件夹里的创意哀号。我认为，没有被卖出去的创意，就是不够好。衡量人的成就的准确方式是看她或他做过什么。就我的人生经验而言，没有比酸葡萄更糟的味道了。所以，别哭了！在广阔的创意生涯中，**你需要决定自己的命运，以及你该创作什么。**

57.
别总期待着客户的表扬。

1964年，我不停地"骚扰"一个客户，他叫乔·鲍姆（我们一起在纽约开过餐厅）。我劝他拿下洛克菲勒中心一个叫"荷兰屋"的餐厅，一个每天中午只有6个老太太会去吃沙拉的地方。两年间，乔一直跟我说，那里位置不好。但我认为，它距离那个著名的滑冰场只有一个街区，在日落之后，若有个爱尔兰酒吧在尽头，简直再适合不过。

"路易斯，"乔仍旧坚持，"你广告做得很牛逼，但你对餐饮行业一无所知。**这个地段不行！**"

最终，为了让我闭嘴，乔·鲍姆还是盘下了这个地方，在两个月内，我们将它打造成"查理·欧的餐吧 & 烧烤 & 酒吧"。从开业那一刻起，酒吧就打响了名头。我当时受聘为罗伯特·肯尼迪做政治宣传，于是说服他在这家酒吧公布参选议员的消息。通过电视屏幕，我们成功营造了"著名的查理·欧酒吧已经有 40 年历史"的印象。不久之后，我邀功似的找到鲍姆："查理·欧是个金矿啊，是吧，乔？""当然了，乔治，"他一本正经地说道，**"这地理位置太棒了！"**

58.
如果你觉得受众愚蠢，
那你这辈子就只能做愚蠢的作品。

其实人们很聪明（一个不被大部分广告公司认同的观点）。每当听到一些广告大佬以自以为高人一等、把别人当傻子的口吻说话时，我就会气恼、震惊，听都听不下去。他们不断地重复"人们都是傻子"这个观念。相信我，如果你觉得受众愚蠢，你这一辈子也就只配做出愚蠢的作品。相反，我觉得人们对广告都很有理解力。他们的大脑能够快速地将电视广告与营销语境结合，从而对广告做出敏捷、迅速的判断。他们绝对能领会你的大创意。而且，当创意信息（不管是文字还是图像）足够强烈、表现手法足够有力，尤其是以一种人性化、温暖的方式呈现时，人们总会给予回应。要是不信我这番话，那你一辈子也做不出好作品。

59.

"音符太多了, 亲爱的莫扎特, 这太好听了, 但我们听不懂。"

——约瑟夫二世

我服务过很多很强硬的客户。从某种程度上来说, 我甚至会享受与那些仁慈的暴君合作的过程——因为我总是能用创意说服他们（有时不只创意, 还有勇气）。我也有过几次惊人的误判, 误认为自己服务的企业家是个有种、有激情的人。当我发现我完全错了, 伟大的作品可能被一个装聋作哑的官僚主义者毁了的时候, 我会（礼貌地）走开。在任何创意领域, 大创意都应该呈献给有想象力和远见的客户——那些能够慧眼识珠, 并愿意去哺育这个创意的人。

别再为约瑟夫大帝们浪费时间了。

60.

伍迪·艾伦说得对：
80% 的成功来自在场！

　　1962年，我在纽约新成立的广告公司业务红火，吸引了远在芝加哥的桂格燕麦公司两位大老板的注意。桂格公司当时正在选择新的广告代理，尽管他们一直有个不成文的规定，只使用本地的代理公司，但还是登门拜访，将我在纽约的帕贝特·凯尼格·路易斯公司作为备选之一。两位负责人直言不讳，希望将之前的传统"营销"代理公司替换为瞄准广告创意革命的广告公司。两天之后的芝加哥时间上午9时（纽约时间上午10时），他们二位给我们打来电话说，他们正处在痛苦的决定阶段，但考虑到随时需要和代理公司开会，他们可能不得不雇用一家芝加哥本地公司，纽约毕竟太远了。

挂了电话，我和两位合伙人交换了眼神，大脑飞速运转，然后不约而同地说："来吧，咱们现在飞奔到机场，在他们吃完午饭之前到达桂格公司的办公室！"于是，我们在半小时之内赶到了机场，奔上飞机（那个年代还没有复杂的安检程序），两个半小时之后飞到芝加哥，飞速跳上出租车，气喘吁吁地抵达了桂格的办公室。半小时后，当他们吃完午饭回来，我们正坐在会客室的沙发上悠闲地翻着杂志。你能想象他们脸上的震惊表情吗？仿佛一根羽毛就能将他们击倒。在惊讶和赞赏中，他们当场决定将广告代理权交给我们。

脚踏实地地好好想想，把该干的事情干好，让客户不仅爱上你的作品，还有你的态度——大胆、迅猛、肆无忌惮的态度。

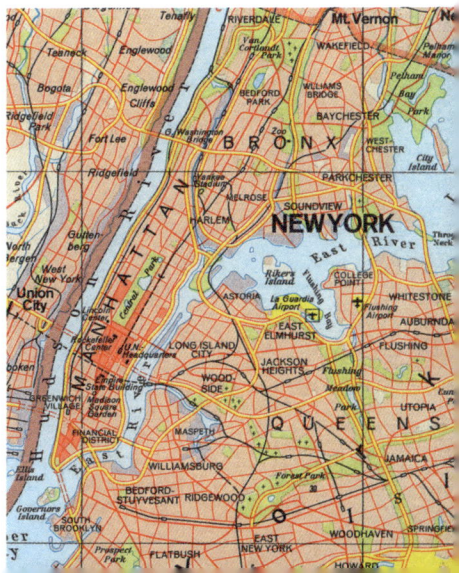

61.

我曾被指责太偏执。

（如果每个人都等着你出洋相，

你也会成为偏执狂。）

如果有必要，我会用尽本书中的每一个技巧去保住我的大创意。

我曾对客户以死相逼（见本书第46条）。这听起来很疯狂吧？

我认为，去见心理医生的人可能是疯子，但偏执的人不是。

适度偏执是有利于创作的，要知道，所有人都在等着你出洋相！

作品被一群无知的人评判，的确很可怕。

总有人说你靠不住。

总有人说你疯了。

用创意，让他们见鬼去。

62.

任何伟大的创意都应该有令人立即眩晕的效果
——它应该看起来离经叛道。

安全、保守的创意绝对会被遗忘。

伟大的创意应该让人感到眩晕，就像当代艺术，一登场就给人以超越传统的震撼观感。但好的创意应该让人在震惊之余又能意识到它其实没那么离谱，这就抓住了观众。

63.
但有时候吧，管他呢，往疯了造！

 我也曾经（故意）玩过火。1985年，设计师汤米·希尔费格（Tommy Hilfiger）在曼哈顿上西区开设了一家店面，当时他年轻稚嫩，名不见经传，几乎没人能拼得出他的名字。我们为他做的第一支广告就是右图这幅（一幅巨形广告牌，明目张胆地悬挂在金融大亨们的办公大楼对面），向观众们发出赤裸裸的挑衅。一夜之间，所有人都在问："T＿＿＿＿ H＿＿＿＿＿＿＿＿是谁？"汤米·希尔费格一夜成名，几天之内，广告效应像滚雪球一样席卷了全国。这则广告仿佛是一个自我实现式的预言，后来，年轻的汤米·希尔费格真的成为了全球最知名、最成功的设计师之一。

 顺带一提，希尔费格的广告在某种程度上惹怒了时尚界。同为设计师的卡尔文·克莱恩在接受《新闻周刊》和《人物》杂志采访时坚称，这则广告花费高达两千万美元（比实际金额多了两位数）。广告发布几个月后，我和妻子以及几位朋友在一家中餐馆偶遇克莱恩先生，他大跨步走过来，气冲冲地指着我："你知不知道，我花了20年才走到希尔费格今天的位置！"我礼貌地抓住他的手，回答道：

 "嘘！能用20天，何必等20年？"

右图：请填出4位伟大的美国男装设计师姓名

汤米·希尔费格品牌广告
时代广场，纽约，1985年

64.

一个绝妙的广告，需要以下两个核心驱动力：

1. 一个让人过目不忘的标语！

2. 一个让人过目不忘的主视觉！

一个让人过目不忘的主视觉，配上传神且难忘的标语，能够在十亿分之一秒内抵达人心，让人产生智识和情感上的反应。人们常常认为"意象"仅与视觉相关，但实际上不止如此：意象能将创意变成戏剧场景。它可以是一个让人难以忘怀的符号，可以是受欢迎的民间传说中的经典一幕，也可以是一张代表性的图画。"意象"需要用文字或图像来表达，最理想的情况是两者皆具！下面这则电视广告里，我请来20世纪60年代最具男子气概的超级体育明星们，让他们摆出孩子气的表情撒娇哭喊："我要我的麦宝（一个燕麦片品牌）！"这是直白的文字和画面的组合，但美国小孩很买账。

米奇·曼托	威利·梅斯
（棒球运动员）	（棒球运动员）

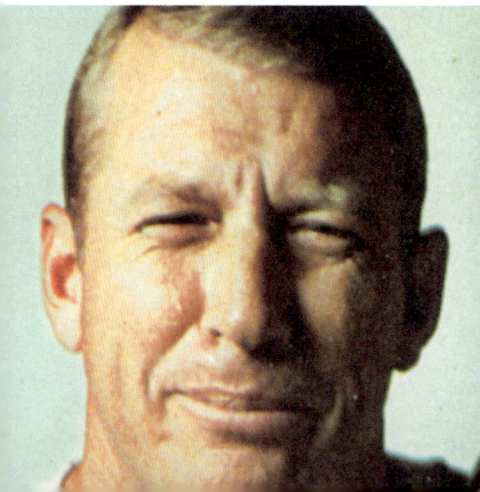

"我要
我的麦宝！"

多恩·梅勒迪斯
（橄榄球运动员）

约翰尼·尼塔斯
（橄榄球运动员）

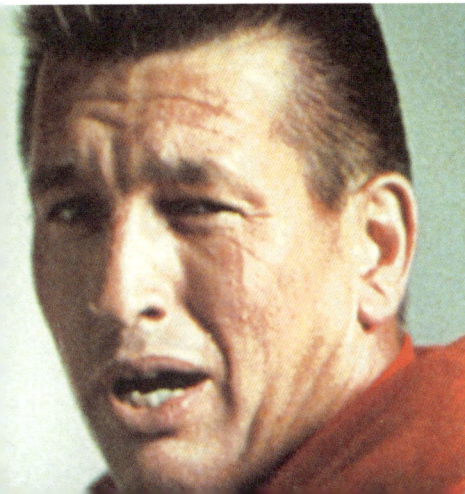

奥斯卡·罗伯逊
（篮球运动员）

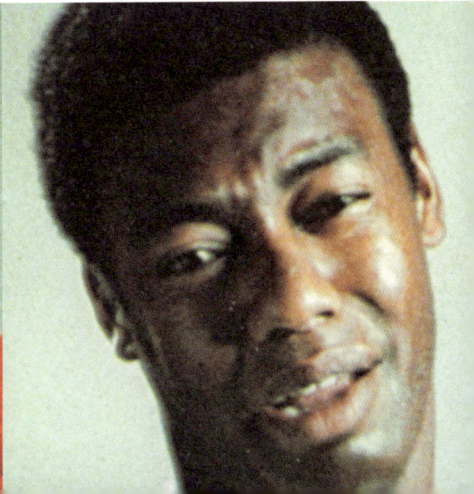

65.

为了不断突破自己的思维壁垒，
我常去大都会博物馆，每周日都去。

在哥伦比亚广播公司任职设计总监达40年的卢·多夫斯曼说过："创意是一个与内心对话，使想法从灵魂深处向外剥离的过程。"但无中不能生有，你必须不断地投喂心中那只产出灵感的巨兽。在我看来，世界各地伟大的博物馆是人类才华的基因库。博物馆保管着一种叫"顿悟"的东西，伺机投射到人的中枢神经系统和内心深处。从年轻的时候起，顿悟带来的震撼就每天跟随着我，神秘地出现在我的许多作品中。举例来说，1967年，我为《时尚先生》设计的一期杂志封面上，封面人物"拳王"阿里的造型灵感来源正是大都会博物馆收藏的弗朗西斯科·波蒂西尼作品《圣塞巴斯蒂安》（见本书第76条）。

每周日去纽约大都会博物馆是我的日常朝圣。每一次，前人的艺术创作都能给我带来震撼，绝无例外。（如果你在伦敦，去大英博物馆；在法国，去卢浮宫；在马德里，去普拉多美术馆……以此类推，你懂的。）

听起来很神秘，但人类的艺术结晶，的确可以帮你突破思维壁垒，在任何领域皆可。

66.
"那些看似写在《圣经》上的事情——
不一定都是对的。"

——艾拉·格什温，美国作词家

不，世界不是在六天内创造的。

不，恐龙和人类从来没有共存过。

不，青少年过度手淫不会导致眼盲。

不，克利福德·欧文从未见过霍华德·休斯。

不，伊拉克没有大规模杀伤性武器。

不，大多数"健康食品"其实不健康。

不，《广告狂人》不是20世纪60年代广告业的真实再现。

不，巴拉克·奥巴马不是"非法"总统。

不，"denial"（音同the Nile，尼罗河）不是埃及的一条河。

不要活成一个怀疑论者，但要保持怀疑。

尤其在这个信息爆炸的时代，错误信息像浪潮一样扑面而来，**作为一个思考者，你必须时刻保持阅读、学习、质疑和评判，不要让那些胡说八道的人影响你的判断。**

67.
渴望不朽！

美国电影演员詹姆斯·迪恩说过："人唯一的伟大就是不朽。"他说得很对（取决于肉身消逝后能留下什么）。

《亚当与夏娃》
彼得·保罗·鲁本斯作品，1597年

68.

毕加索说得对：
"艺术是陈述事实的谎言。"

毕加索对艺术的定义十分适用于当今世界。如今，一切都以市场为导向，所有产品时刻都被比价、比质量。在广告的世界里，越夸张、越胆大、越冒险激进，产品就越受益，毕加索指出的"谎言"越有可能成为事实。广告让汽车更好开，让食物更美味，让香水更诱人。如果你不能接受这些，那你可能很难理解广告的魔力。

食物更美味!

香水更诱人!

汽车更好开!

69.
定义你的未来的最好方式
或许是彻底改造它。

    在经济萧条的时代，需要用些独特的方法助推事业。举例来说，给电影起名就曾是一种对创意的挑战，索尔·巴斯（1920—1996）创造了一种概念化、图像化的电影命名方式，如"Anatomy of a Murder"（《桃色血案》）、"The Man with the Golden Arm"（《金臂人》）、"Vertigo"（《迷魂记》）、"North by Northwest"（《西北偏北》）、"Psycho"（《惊魂记》）。此时此刻，每分钟有数百部电影正在被制作，有远见的导演机会无限，你也能为事业抓住先机，砰！

    当下商业环境瞬息万变，网页设计、应用设计、动画设计、游戏编程——不可预料的无限机会就在眼前。如果你在找工作时毫无头绪，试试彻底改变你的未来蓝图。

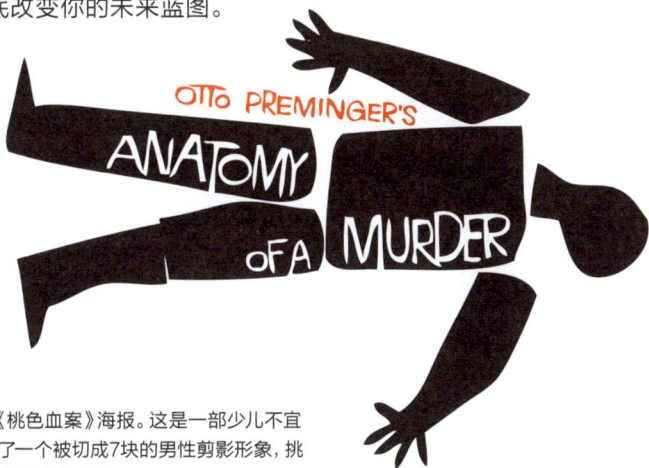

1959年的电影《桃色血案》海报。这是一部少儿不宜的电影，海报用了一个被切成7块的男性剪影形象，挑战了当时隐晦的电影分级制度。

70.
大多数绝妙的标语会露出品牌名称。
（甚至露出两次！）

    一个能够有力传达推广点的文案应该包含产品的名称！我在1989年为《时代》（TIME）周刊创作了4个单词的宣传语"MAKE TIME FOR TIME"（留点时间读《时代》），两次提及产品的名称。这句易于记忆的文案一方面暗示消费者购买杂志，另一方面提醒读者在繁忙的生活之余空出时间，深度阅读《时代》周刊。

囤书再多也要留点时间读《时代》。

People who have too much to read MAKE TIME FOR TIME

If you thought the 1980's was the decade of the Information Revolution, wait till you see the 90's! You're going to have news coming at you from all angles—tv, radio, newspapers, magazines, fax machines, computers. To stay ahead, you can try to read and absorb more than humanly possible. Or, cut through it all—carve out some quality time and make time for TIME. For readers and advertisers alike, its time well spent.

个人喜欢的一些包含品牌名称的标语:

▼Avis is only No.2.

安飞士只排第二！（品牌："安飞士"租车）

▼With a name like Smucker's, it has to be good.

名为斯马克的产品，必须优秀。（品牌："斯马克"食品）

▼*The Independent*. It is. Are you?

《独立报》。我们坚持独立，你呢？（品牌:《独立报》）

▼Isn't that Raquel Welch behind those Foster Grants?

福斯特·格兰特镜片后的不正是拉克尔·韦尔奇吗？（品牌："福斯特·格兰特"太阳镜）

▼Have an Amsterdam good time.

享受阿姆斯特丹假日吧。

▼I ♥ New York.

我爱纽约。

▼Schweppervescence.

（品牌: 怡泉苏打水，结合了品牌名称"Schweppes"和意为"泡腾"的单词"effervescence"。）

▼Raise your hand if you're Sure.

如果你确定，举起手来。（品牌："确定"牌除臭剂）

▼Absolut Perfection.

绝对完美。（品牌："绝对"牌伏特加）

71.
创意能使鬼推磨。

纽约前市长郭德华谋求连任时遭遇资金超支，他恳求我帮忙筹款。这件事需要足够的创意，而我做到了——我用创意让郭德华开口求人！

即便是光芒四射的郭德华，也不敢大大咧咧地向金主们伸手要钱而不加半句解释。因此，我为他策划了一场筹款晚宴。晚宴的邀请函是一张折页卡片，两边不对称折叠，只露出郭德华的亲切笑容和肩膀。但当受邀者展开卡片，就会看到一个穷得叮当响的候选市长，掏出空荡的口袋，请求金主们好心施舍。这封邀请函立刻成为热门话题，反响热烈，郭德华的坦率态度得到了纽约精英们的青睐。晚宴当天，大腹便便的资本豪客们纷纷应邀来到喜来登酒店。我在入口处放了一张真人比例的人形立牌，让口袋空空的"市长"亲自迎接贵客。最后，金主们不但慷慨解囊，而且兴致高昂，一整晚都在争相模仿市长的动作！款筹到了，债还清了，连竞争对手也不得不赞叹郭德华的勇气和智慧。

一定要充满创意——榨干一只（肥）猫的方法可有的是。

右图：郭德华市长
竞选筹款晚宴邀请函

Gala
Fundraising Roast for
Mayor Edward I. Koch

Roast:

Hon. Walter F. Mondale
Hon. William H. Mulligan

Rebuttal:

Ed Koch

Finance Committee
Chairman

Peter J. Solomon

Dinner Co-Chairs

Sol C. Chaikin
William M. Ellinghaus
Harold L. Fisher
Bess Myerson
Vitto J. Pitta
John Torres
Lloyd A. Williams

Tuesday
September 15
Sheraton Centre

Cocktails at 7:00 pm
Dinner at 8:00 pm

Dinner Co-ordinator

Ellin Delsener

72.
20 位可爱的女士举着我成本 10 美元的告示牌，阻止了纽约有史以来最有权势的政客。

    1962年，罗伯特·摩西，这位在纽约市内市外、地上地下大肆修桥造路，却毫不考虑公共交通需求的城建主管宣布，纽约市即将在火烧岛上修造一条长50公里、贯穿全岛的四车道公路。

    市政规划显示，新道路将沿火烧岛度假区而建。一个离群、悠闲的度假村即将被改造成加州高速公路！这个消息激怒了我的妻子罗

"摩西: 不可造路！"

茜——我们一家刚刚找到这块绝佳的度假胜地。她发起了"业主守护火烧岛委员会"，号召抵制罗伯特·摩西的修路计划。为了支持妻子，我制作了一幅海报《给摩西的第十一诫》。我希望邻居们和当权者们明白，"上帝"比"摩西"更权威！我为罗茜和她的委员会制作了数十幅这样的大型海报，张贴在示威牌上。我的天，这果然起到了作用！在一场公开听证会上，罗茜和她的主妇盟友们举起示威牌，用"上帝"的谴责让摩西滚蛋！

那条公路最终没有建成。

又一次，在几乎零成本的情况下，创意解决了所有问题！

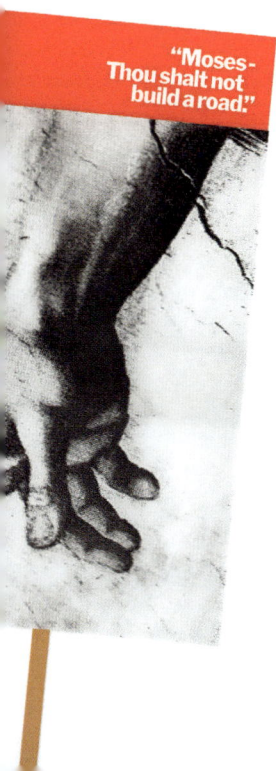

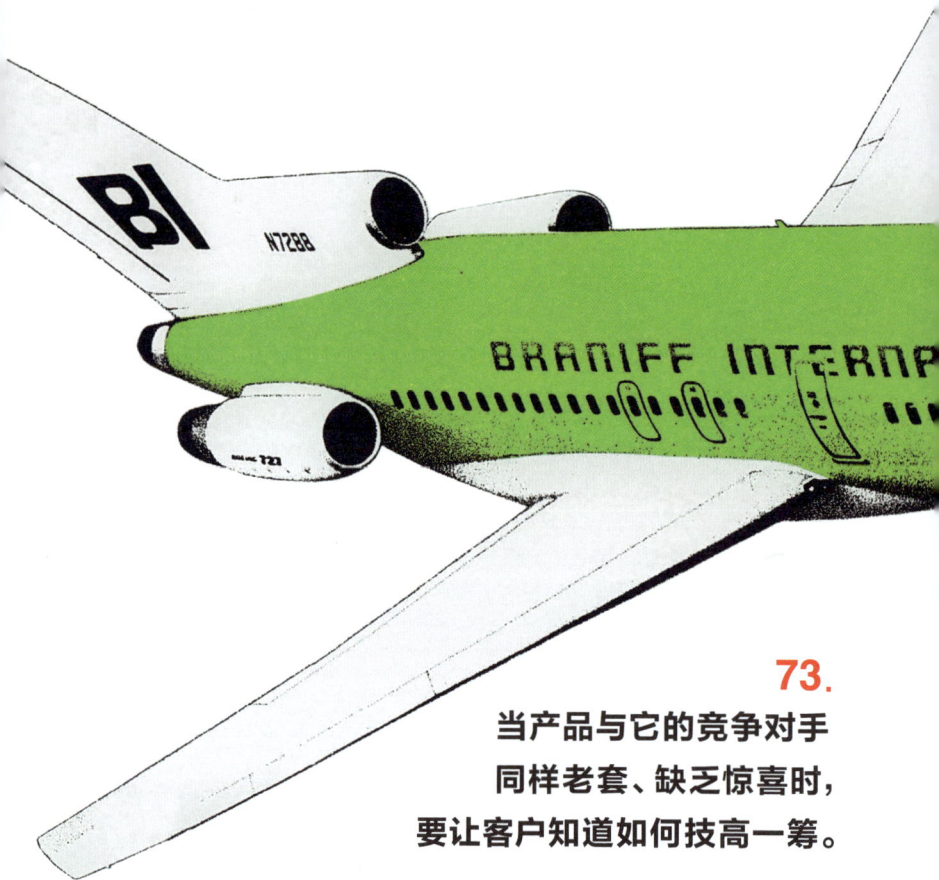

73.

**当产品与它的竞争对手
同样老套、缺乏惊喜时，
要让客户知道如何技高一筹。**

20世纪60年代中期，才华洋溢、样貌出众的传奇广告人玛丽·韦
尔斯从恒美广告跳槽到杰克·廷克合伙人公司，在那里套牢了得州牛

仔哈丁·劳伦斯——让他成为客户，也成为丈夫。那时劳伦斯刚刚接手布兰尼夫国际航空公司，一家和竞争对手美国航空一样平平无奇的企业。

积极主动的玛丽·韦尔斯知道新婚丈夫是个敢想敢做的人，于是她构想了一套能让普通客户大惊失色的推广方案。

离开杰克·廷克合伙人公司后，韦尔斯成立了韦尔斯·里奇·格林

广告公司，开始为布兰尼夫打造一个极具冲击力的新形象：请时装设计师埃米利奥·璞琪设计充满"太空时代感"的制服，穿在选美冠军级别的空姐身上；请布料设计师亚历山大·吉拉德操刀精美奢华的机舱内饰，用上专业桌椅制造商赫曼·米勒的57种面料；配置高档真皮座椅、顶级美食、活力满满的登机处……重中之重是，机身从头到尾喷漆，用9种鲜艳的颜色向大众宣告：**无聊航班的终结者面世了。**

哈丁·劳伦斯兴奋地将上述想法一一实现，令布兰尼夫国际航空公司成为世界上最时髦的（一夜成名）航空公司。

这是一次绝妙的夫妻配合，或者说"天作之合"。

74.
娱乐摇钱树：
学会找明星背书。

　　邀请明星代言猫粮、航空公司、赛马、止疼药、润滑剂……听起来又荒唐又不靠谱（可能是头脑发热的疯狂粉丝才做得出来的事）。但不得不承认，这是个认脸的世界，根本不会有人注意到普通人。明星效应不同于其他广告"标志"，明星能够为任意场地、产品或环境带来风格、气氛或感觉的加持。这里的技巧是，选对能让广告声名大噪的明星，同时别让他们对钱有太大期待。最合适的明星能帮你将新鲜的话语和惊人的意象打入大众市场，用广告把竞争对手甩在尘埃里。

　　当你会用并且用对明星的时候，明星才是摇钱树。

"No Nonsense"美国女性奖是由纸媒公布的月度奖，目的是奖励对某一慈善领域做出贡献的女性名人。
厌倦了沉闷的连体裤广告的名人们纷纷被这则广告吸引，争相为好穿但没有任何性吸引力的 "No Nonsense" 裤袜背书。
在费·唐娜薇（演员）、安·理查兹（政治家）、格洛丽亚·斯泰纳姆（记者）、芭芭拉·史翠珊（演员）、蒂娜·特纳（歌手）、奥普拉·温弗瑞（主持人）及其他35位女性名人的加持下，"No Nonsense" 裤袜瞬间有了性吸引力。

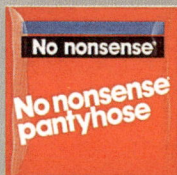

"NO NONSENSE"
美国女性奖
获奖人伊丽莎白·泰勒

No nonsense'
No nonsense
pantyhose

伊丽莎白·泰勒一生热情似
火，富有同情心。她始终是全
球最美、最激励人心的女性楷
模，为宣传防范艾滋病贡献了
巨大力量。

75.
换个名字大不同!

如果一个划时代的产品有很弱且毫无野心的名字,给它换个棒的(伴随着惹眼的广告一起推广)! 2010年底,我接了一个定制处方眼镜品牌的广告。那眼镜是个伟大的发明,你可以通过调节横梁上的装置来对焦,能更清楚地看到书本、电脑屏幕、电影画面乃至远处的山脉等远近不同的景物,奇迹般恢复年轻时的视力。它的发明者及其营销团队将之命名为(直译过来叫)"真焦透镜"。听到这个杰出产品的介绍后,我直白地告诉客户,这个名字太弱了,记不住,没法卖。

为了更好的广告效果,我坚持在产品已经上市的情况下换名字。3天之后,我拿出了"超级焦点"的品牌名称,附带着一个直击人心的标识和宣传语"超级焦点,看清世界,远近皆宜"。我还请来5位明星代言人登上电视广告,明星们在片尾统一喊出:"更清晰的世界,尽在超级焦点"这一广告语。借助"超级焦点"的品牌名和全国范围的电视广告,该品牌销售火爆,甚至被用在美国国家航空航天局和国际空间站上!

要记住:你比客户更懂如何塑造品牌(这也正是他们雇用你的原因)。

SUPERFOCUS™

SEE THE WORLD, FAR AND NEAR, IN SUPERFOCUS!
超级焦点，看清世界，远近皆宜！

"每当听到有人提起'说出你所见'这个经典广告语，我总是告诉自己'这还不够'。双焦眼镜、三焦眼镜、渐进多焦点眼镜，都不够。但现在，有了'超级焦点'，我能看清全世界！绝不胡扯！"

——佩恩·吉列特，
美国喜剧演员、魔术师

76.
在一个英雄被妖魔化、
坏人却出名的时代，
一个充满创意的图像可以成为标志性宣言。

1967年，拳王阿里因拒绝服兵役而成为众矢之的，他被大众斥责为逃兵，甚至是叛国者。事实上，阿里当时已经转信伊斯兰教，拒绝服兵役只是因为战争与他的宗教信仰冲突。但他仍然因逃兵役被联邦法院判处了5年有期徒刑，更在事业黄金期被拳击委员会剥夺头衔，遭到禁赛。于是，我为《时尚先生》做出了这个极具争议的封面——它立刻成为了那个动乱时代里非暴力抵抗的标志。这个封面精准抓住了当时人们的反越战情绪。阿里版《圣塞巴斯蒂安像》面市3年后，最高法院终于撤销了对阿里的裁决。

不管处在事业的什么阶段，用创意去力挺你心中的英雄，保护文化免受恶的侵蚀。

★ 阿里当时的声明："我绝不会跑到万里之外去谋杀那里的穷人，如果我要死，我就死在这里,咱们来拼个你死我活!如果我要死的话,你们才是我的敌人,与中国人、越南人、日本人无关。我想要自由,你们不给;我想要公正,你们不给;我想要平等,你们也不给。你们却让我去别处替你们作战! 在美国,你们都没有站出来保护我的权益和信仰,你们在自己的国家都做不到这些!"

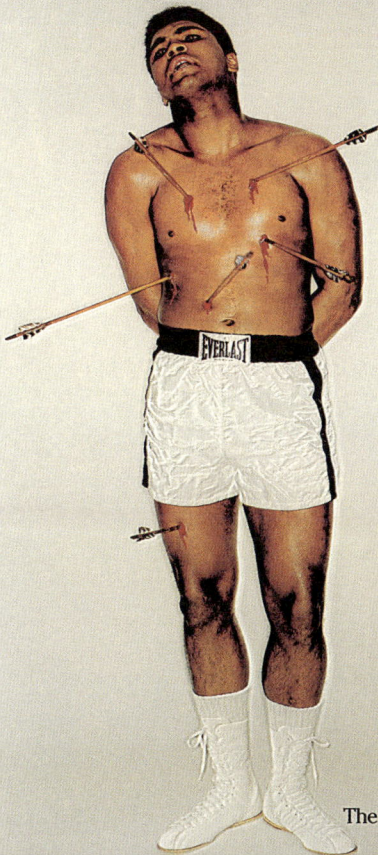

77.

**"成功有效的广告秘诀,
并不在于创造新的、精巧的文案和图片,
而是要让熟悉的文字和图片
产生新的关联。"**

——李奥·贝纳, 传奇广告人

"你真特别,
我们在一块儿一定能调出漂亮的血腥玛丽。
我和其他家伙可不一样。"

"我喜欢你, 沃尔夫切米特,
你很有品位。"

20世纪60年代，我用一则伏特加广告终结了《生活》杂志上无聊的、一堆夫妇在顶楼干杯喝酒的广告，震惊了伏特加爱好者们和广告界。第1周，我让一个深情款款的沃尔夫切米特酒瓶搭讪一颗西红柿（在我的时代，西红柿是性感尤物的代名词）；1周后，这个象征男性的酒瓶又向一颗橘子示爱，却惨遭质问："上周和你在一起的西红柿是谁？"连续几周之内，沃尔夫切米特酒瓶先后搭讪了柠檬、酸橙、橄榄甚至洋葱。大众熟悉的字眼和图片产生了一种全新的（充满"性趣"的）关联。**创意的秘诀？变旧为新！**

"小甜心，我很欣赏你。
我是个有品位的人。
我能激发你身上最纯正的橘子味儿，
我能帮你成名。
吻我。"

"上周和你在一起的
西红柿是谁？"

78.

我从来不是大卫·奥格威派广告的粉丝
（但这则广告让我大开眼界）。

去看看大卫·奥格威著名的《一个广告人的自白》，读一读其中沉闷的艺术创意规章和守则，你就会知道他和我在创意理念上有多大分歧。我的信条是，广告世界里唯一的规则就是——**没有规则！**不过我承认，奥格威一派的广告人的确明白一个特殊、好记且独特的视觉形象的重要性，会用上佳的视觉形象吸引人们去阅读那些冗长但精心雕琢的文案。右页这则广告《穿哈撒韦衬衫的男士》是奥格威的杰作，右图中这位男士，身穿笔挺的哈撒韦衬衫，姿势僵硬却优雅，戴着贵族式的夸张眼罩，还有一个打眼的名字"兰吉尔男爵"（带着一丝英式智慧，我猜）。

顺便一提，1959年，在我成立自己的公司（1960年）之前，奥格威先生曾经邀请我去他的奥美广告公司担任首席美术指导，但我深知他的规则不适合我。在我成立帕贝特·凯尼格·路易斯广告公司之后，他也是最先致电祝贺的人之一。

Hathaway and the Duke's stud groom

IT ALL STARTED with Richard Tatter-
sall, the Duke of Kingston's stud
groom. He dressed his horses in magnifi-
cent check blankets. Then English tailors
started using Mr. Tattersall's checks for
gentlemen's waistcoats.

Now Hathaway takes the Tattersall one
step further. With the help of an old Con-

necticut mill, we have scaled down this
classic pattern to miniature proportions, so
that you can wear it in New York. Yet its
implication of landed gentry still remains.

You can get this Hathaway miniature
Tattersall in red and grey (as illustrated),
navy and blue, or mahogany and beige.
Between board meetings you can amuse

yourself counting the various hallmarks of
a Hathaway shirt: 22 single-needle stitches
to the inch, big buttons, square-cut cuffs.
And so forth.

The price is $8.95. For the name of
your nearest store, write C. F. Hathaway,
Waterville, Maine. In New York, call
OXford 7-5566.

79.
**大多数设计师都忘记了，
作品是要给人看的。**

　　市面上大多数商标或包装设计都是抽象的、表意不清的、让人
迷惑的，或是干脆由几何图形组成的。更有甚者，包括了以上全部。
总而言之，就是无法与受众交流。任何设计，都要能让产品替设计师
去和受众交谈，都必须包含一个核心的理念。它必须能够在一瞥之下
传递关于**你**的足够的信息，表达足够的情感。它必须是一种私人的交
流，必须有血液贯穿其中，必须会眨眼，必须带着微笑，必须有着一
个辨识度高的面孔。一个可靠的营销理念是那张面孔下的骨骼，设计
的作用则是阐释这个理念。**如果你无法通过设计传达意义，那你的
设计毫无意义。**（如果你是新企业或新产品的创始人，记得找个有想
法的设计师！）

乔治·路易斯
商标设计作品
1962年—2011年

NYBets OTB

ZUM ZUM

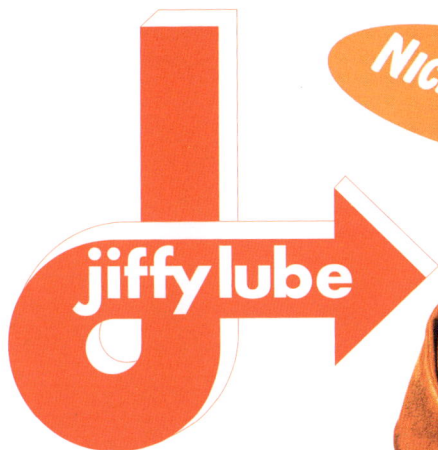

The Morton Downey Jr. Show

ATLANTIC BANK OF NEW YORK

jiffy lube

NICKELODEON

80.
一切广告都必须建立在公关基础上！

  我的大多数广告都能成为公关热门。比如1967年，我为名不见经传的华尔街经理人公司爱德华兹·汉利做的第一个电视广告。《今夜秀》传奇主持人约翰尼·卡森对这则广告喜爱有加，几乎每天在节目中模仿其中的台词，但由于该广告只在纽约地区播放，很多观众并不理解卡森的笑点。于是，卡森决定在他覆盖全国的节目中播出完整的广告，让全美的观众们知道其出处。10秒钟的片子里，被美国国税局征税到几近破产的职业拳击手乔·路易斯看着镜头，愤愤地问："爱德华兹·汉利，当我需要你们的时候，你们在哪儿？"卡森把这句话模仿得惟妙惟肖。另一个片段里，棒球传奇人物米奇·曼托带着浓重的乡下鼻音说道："刚加入棒球联盟的时候，我是个走路不稳、整天傻笑、愣头愣脑的乡下小子。现在我还是个乡下小子，不过我可有熟人在爱德华兹·汉利！我学着呢，我学着呢！"短短几个月里，卡森把"我学着呢，我学着呢"模仿了数十遍。还有一个片段里，一个孩子说："我爸爸是宇航员！"另一个说："我爸爸是消防员！"第三个孩子跟着说："我爸爸在爱德华兹·汉利工作！"前两个小孩齐声赞叹："哇啊啊啊啊啊！"这句"哇啊啊啊啊啊"也成了卡森的口头禅。广告上线3个月后，爱德华兹·汉利新增数千个开户账户，成为了美国第三知名的经理人公司。

  如果你的广告没有成为全国话题的力量，你就丧失了让它成名的机会。

"我学着呢，
我学着呢！"

81.
如果你准备批评什么，别退缩。

著名剧作家马克·康奈利（1890—1980）曾在纽约的一家高级餐厅里被戏剧评论家罗伯特·本奇利和约翰·麦克莱恩当作乡巴佬对待。他当时感到有些恼怒，于是狡黠地拒绝了二人点的一瓶糟透了的红酒，对酒侍说：**"把这酒瓶给我打碎，把酒桶给我碾碎，然后把葡萄园连根拔起！"** 康奈利后来把这个故事分享给我，告诉我："我让那些城里人知道如何回绝一瓶劣酒！"

在评价一桩工作的时候，不要仁慈。

对待工作成果不尽人意的同事或下属，不痛不痒的批评毫无作用。那些受到你中肯批评的人，日后成功时会感激你的（可能吧）。

82.
大声说出来，他妈的！

　　如果你感到有话要说，如果你有一个真正的想法，如果你内心燃烧、不吐不快，如果你想干成某件事，如果你想针砭时弊，站起来，大声说出来！无论生活还是工作，尽你所能做到真实、有创意，并且坦率。（但如果你不敢说出口，也许是因为根本不值得一说。）

83.
提案的时候尽量避免重复
"你知道的""就像""嗯……"这类词汇。

　　嗯，你知道的，我的意思是，就像我说过的……如果像数百万其他人一样这么说话，你只会被视为傻瓜——嗯，你知道……我什么意思吧，对吧？

84.
有时候，解决一个严峻问题的唯一方式，
也许令人震惊，就是简单说出事实。

1959年，一则"Think Small"（想想小的好）的广告大创意帮助一辆德国汽车在纽约犹太小镇开拓了市场。在朱利安·凯尼格写出这条文案之前，所有的汽车广告都是千篇一律的梦幻、浮夸，只会用夸张的文字和过度精修的图片突出品牌。广告商们习惯用炫目耀眼的图片搭配讨巧却毫无意义的文案。当时卖车靠的是"大，才好"，只有傻子才买这种又小又丑的车。而且，众所周知的是，是希特勒在第二次世界大战前向设计师费南迪·保时捷下令制造"人民的汽车"，才有了大众汽车。但当"Think Small"广告面市之后，大众汽车一下子势不可当。朱利安·凯尼格只是简单地道出了小车油耗低的事实，而美术指导赫尔穆特·克朗设计的海报在暗色调的黑白画面上只留一辆小小的"甲壳虫"汽车，简单直接，远比那些花哨的广告来得更具冲击力和说服力。这则恒美广告公司设计的广告持续投放了数年，它的文案策略如此坚实，以至于恒美广告公司的每一个广告文案都延续了其精髓。这则广告的续航里程比汽车本身还要远。

有时候，大创意就藏在事实里。

顺便一提，6个月后，我说服凯尼格和我一起离开恒美广告公司，合伙创立帕贝特·凯尼格·路易斯广告公司——一家注定成为世界第二大创意广告公司的企业。

Think small.

Ten years ago, the first Volkswagens were imported into the United States.

These strange little cars with their beetle shapes were almost unknown.

All they had to recommend them were 32 miles to the gallon (regular gas, regular driving), an aluminum air-cooled rear engine that would go 70 mph all day without strain, sensible size for a family and a sensible price-tag too.

Beetles multiply; so do Volkswagens. In 1954,

VW was the best-selling import car in America. It has held that rank each year since in 1959, over 150,000 Volkswagens were sold, including 30,000 station wagons and trucks.

Volkswagen's snub-nose is now familiar in fifty states of the Union: as American as apple strudel. In fact, your VW may well be made with Pittsburgh steel stamped out on Chicago presses (even the power for the Volkswagen plant is supplied by coal from the U.S.A.).

As any VW owner will tell you, Volkswagen service is excellent and it is everywhere. Parts are plentiful, prices low. (A new fender, for example, is only $21.75.) No small factor in Volkswagen's success.

Today, in the U.S.A. and 119 other countries, Volkswagens are sold faster than they can be made. Volkswagen has become the world's fifth largest automotive manufacturer by thinking small. More and more people are thinking the same.

85.

我始终认为,黑人传奇拳击手"飓风"鲁宾·卡特因"据称"杀害 3 名白人而被判 300 年有期徒刑是令人难以置信的种族歧视。

为了减少他的牢狱之苦,我得做点儿什么。

对了! 我是一个广告人,

我要在《纽约时报》第二页放广告!

这则广告是为无罪释放"飓风"鲁宾而展开的游击战的第一炮。为此我拜访了关押于特伦顿州立监狱的鲁宾,告诉了他我的计划。几天之后,以拳王阿里为首,汉克·阿伦(棒球运动员)、戴夫·安德森(作家)、哈利·贝拉方特(歌手)、吉米·布雷斯林(记者)、艾伦·伯斯汀(演员)、黛恩·坎农(演员)、约翰尼·卡什(歌手)、皮特·哈米尔(作家)、杰西·杰克逊(黑人牧师)、郭德华(政治家)、诺曼·梅勒(作家)、阿瑟·佩恩(导演)、乔治·普林普顿(记者)、伯特·雷诺兹(演员)、阿尔伯特·鲁迪(制作人)、盖伊·特立斯(作家)、比尔·沃尔顿(运动员)、巴德·约金(制片人)等82位杰出公民发出声援。这则广告让数百万《纽约时报》的读者食不甘味。**这就是创意传播者的惊人力量——一则小小的广告,就可以帮助一位无辜者!**

右图:截至今天,我已因一项莫须有的罪名入狱3135天。
如果案件不重审,我的刑期还将持续289年。
6个月前,声称"目击"我离开凶案现场的证人承认作了伪证。
尽管如此,法官仍然拒绝重审此案。为什么?
——"飓风"鲁宾·卡特,编号45472,特伦顿州立监狱

Counting today, I have sat in prison 3,135 days for a crime I did not commit.

If I don't get a re-trial, I have 289 years to go. Six months ago the 'eyewitnesses' who testified they saw me leaving a bar in which 3 people had been killed, admit they gave false testimony. Despite this, the judge who sentenced me won't give me a re-trial. Why?

**RUBIN HURRICANE CARTER
NO. 45472
TRENTON STATE PRISON**

86.
持续为反种族歧视而战，
无论代价是什么。

　　1975年，在公开支持蒙冤入狱的拳击手"飓风"鲁宾·卡特之后，以拳王阿里为首的"飓风基金会"继续为无辜的卡特游行示威，要求重新审判。这场声势浩大的运动引发了数百篇报道，阿里率众在卡特被关押了将近10年的特伦顿州立监狱外抗议，吸引了上万参与者。"飓风"审判一时之间举国皆知。就在事件发展得如火如荼之时，顺风威士忌总裁爱德·霍里根，我500万美元的大客户，把我叫到办公室，对我吼道："路易斯，别再为那个黑奴声讨了，否则我炒了你！"我连眼睛都没眨，告诉他，我相信卡特是无辜的，我不会背弃他。霍里根大怒，踢开办公室的门，对我下了最后通牒："我给你最后一次机会，路易斯！答应还是不答应！""不答应！"我说道。第二天，我和我的公司就被他彻底踢出了门，但我仍为自己做的一切感到自豪。对所有读这本书的人，我的建议是：

去做那些你会引以为豪的、正确的事情吧。

直到生命最后一秒。

87.

"如果我们请鲍勃·迪伦写一首示威歌曲，然后在麦迪逊广场公园里开场演唱会，怎么样？！"

有时候"如果"可以成真。不可否认，世上很多奇思妙想都能发挥作用，但真正孕育"如果"并使其成为现实的……是创意。1975年，隐居多年的鲍勃·迪伦重返大众视野，举办了"奔雷秀"巡回演出。巡演中途，恰逢我们的"鲁宾·卡特辩护委员会"在媒体上向大众公开卡特如何被构陷（见本书第85条）。我东奔西告，好不容易在一场演出的后台见到了这位充满激情的诗人，看到他第一眼我就知道，他一定能理解我和阿里为反抗这种野蛮的种族歧视所做的努力。右页这幅照片是我和保罗·萨波纳基斯（另一位组织者）在"催眠"鲍勃·迪伦，说服他相信卡特是无辜的，邀他就此写一首歌。"或者，也许，可能，是不是可以办场演唱会，鲍勃？"几周后，鲍勃·迪伦创作了声援卡特的歌曲《飓风》，并在一场，不，两场"飓风之夜"演唱会中演唱了这首歌！这两场演唱会，第一场在监狱举行，第二场则是几周之后，在大名鼎鼎的麦迪逊广场公园举办。

"如果"是一颗埋在振奋人心的创意里的种子。

1988年，美国最高法院判决卡特被误判。1990年，在遭定罪22年之后，鲁宾·卡特终于重获自由。

鲍勃·迪伦"飓风之夜"演唱会
麦迪逊广场公园
1975年12月8日

Dear Gael Greene,

After all those wonderful meals we've had together.

Restaurant Associates

亲爱的加尔·格林：
那些共享美食的欢乐时刻，你都忘了吗？
——餐厅联合会

《纽约》杂志，1970年10月5日

88.
用温和的（？）幽默冲淡一条毁灭性的点评。

　　加尔·格林是《纽约》杂志的美食评论家。她在1970年写了一篇文章狠狠批评了餐厅联合会——美国最具创意也普遍受到好评的高档连锁餐饮企业，对餐厅联合会旗下的四季餐厅的评论尤其苛刻。要知道，无论在过去还是现在，四季餐厅可能都是纽约体验最佳的餐厅。我认为她的评论偏激且不公，但恶果已经造成，这篇文章导致餐厅联合会上下一片震荡，客流量大幅减少，股价也一落千丈。餐厅联合会高层惊慌、愤怒，要求我取消他们在《纽约》杂志上投放的所有广告。我劝他们冷静，并说服他们，与其用自取灭亡的方式宣泄愤怒，不如再做个广告（在同一份杂志上）！在以"亲爱的加尔·格林"开头的喊话式广告里，我用一种柔软但肯定的语气告诉读者，加尔·格林曾多次在我们的餐厅大快朵颐，现在却翻脸胡诌！这则广告在随后一期《纽约》杂志刊登后，餐厅联合会的粉丝拍手称快，公司股价回升且飞涨，餐桌预定人数猛增。

　　（几周后，我邀请缴械投降的加尔·格林共进了午餐。当然是在四季餐厅。）

　　我的经验？要懂得反击，但不能赤手空拳打回去。

　　记得戴上天鹅绒手套。

89.

一个有才华的美术指导要做的事情是产出：

绝佳的广告，
配上绝佳的文案！

绝佳的广告，
配上普通的文案！

绝佳的广告，
配上糟糕的文案！

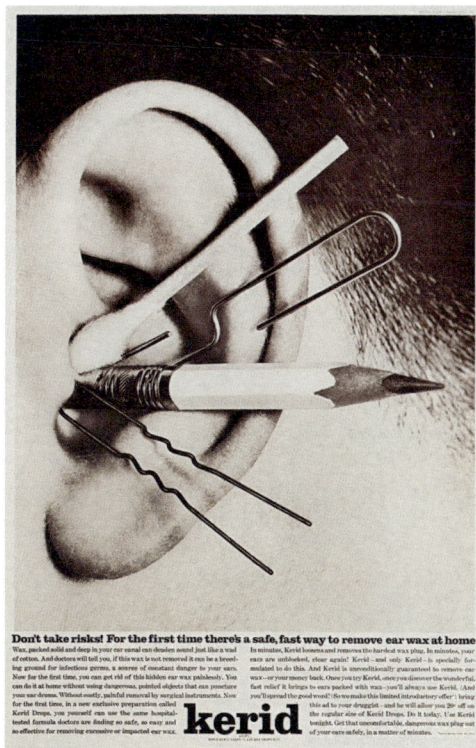

绝佳的广告，
没有文案！

在一个广告团队中，
生杀大权必须掌握在
美术指导手里。

90.
一个创意人如果没有幽默感，
那就是个大问题了。

物理学家、医生、会计、律师、拾荒者……这些人不需要幽默感也能胜任本职工作，但创意人不行。缺乏幽默感的创意人不可能持续创作出杰出的作品，向大众传达温暖与人性。幽默之于创意就像幽默之于人生。常有人问我："幽默对广告有作用吗？"多蠢的问题啊，就像在问"幽默对人生有作用吗"。但凡适度且有趣（一旦流于无趣，就称不上幽默）的幽默，都会"有作用"。所以你应该问："没有幽默，怎么会有创意？"确实，在各式各样的交流中，幽默能以自然的方式博取人心。检视我的作品，回顾我这些年来做过的讲座，翻查我写过的书，你会发现"幽默"很难自成一类，因为它贯穿我做的所有事情，存在于我清醒着的每一个时刻。幽默能够解除人们的武装，令人更容易接受严肃场景下很难接受的想法和图像。用有趣的方式阐述严肃的主题，能让你无往不利地博得赞同。

智慧能唤醒心智。我们所谈论的，是严肃的喜剧！

如果你不觉得下页的广告好笑，
那你简直没有幽默感。

我们在推紧身裤

WE'RE PUSHING LEOTARDS

Cold and getting colder: now's the time to push stretch tights. Here's how Chemstrand helps you do it. With a full-page color supplement (theme: Tights for every use and age) that Chemstrand Publicity just released to newspapers in 100 key markets. With a special Promotion Kit containing two counter cards that are corkers, and a host of selling tips. (Look for the kit around December 1.) Tie in your windows, ads, interior displays. There's big business in leotards. Get your hands on some.

Chemstrand nylon

BEFORE   AFTER

A Coty Cremestick turned Alice Pearce…into Joey Heatherton.

And you thought lipsticks weren't important, eh?
Another Cremestick trick: they're moisturizing,
but they're never greasy.
And zip! They're on in a stroke.
Ask Alice Pearce.

Some luscious Cremestick colors:

涂上科蒂口红，
艾丽斯·皮尔斯变身乔伊·希瑟顿

125

91.
"当你做到之后——炫耀吧!"

    这已经成为一句标准美式俚语。1967年,我为布兰尼夫国际航空想出这句广告标语,然后邀请世界上最古怪的名人们结对,在电视广告里展开乖张奇特的对话。我让波普艺术宗师安迪·沃霍尔和拳击手桑尼·利斯顿坐在一起,让洋基队明星怀堤·福特和超现实主义艺术家萨尔瓦多·达利成为邻座,让英国喜剧女星赫米奥妮·金戈尔德

和好莱坞硬汉乔治·拉夫特相遇，让诗人玛丽安·摩尔和犯罪小说家米基·斯皮兰对话。不出意料，每个人都炫耀自己做到了什么！这句话成为我事业的同义词，被广泛用于指代美国流行文化中嬉皮又大胆率直的人。所以，对所有有抱负、敢于发声的人，在通往名誉和财富的路上，我送你九字箴言：当你做到之后——炫耀吧！

安迪·沃霍尔
与桑尼·利斯顿
同乘布兰尼夫国际航空

92.
为什么我不想被称为"广告狂人原型"（如果你懂，你也可能成为第二个我）。

在美剧《广告狂人》故事发生的1960年第一周，我创办了全球第二大创意广告公司帕贝特·凯尼格·路易斯，启发并引领了广告创意革命。20世纪60年代是广告创意史上的黄金年代，无畏的先行者们与剧中的人物没有半点相似之处。《广告狂人》不过是一部肥皂剧，剧中衣着光鲜的傻瓜们纸醉金迷，睡着发型花哨而又感恩戴德的女秘书，喝着马提尼酒，过度吸烟，做着愚蠢而又毫无生命力的广告——丝毫不理会外界轰轰烈烈的民权运动、女性解放运动，或罪恶的越南战争，还有那个动荡年代彻底改变美国的许多其他重要事件。

越是细想《广告狂人》，我越觉得那是对我的侮辱。所以，去你大爷的《广告狂人》——你个赝品、穿高级西装的蠢货、大男子主义者、没才华的暴君、大"白领"、种族歧视者、反犹太教的人、一帮共和党蠢货！

另外，我想说，我30多岁的时候，比唐·德雷柏帅多了。

乔·哈姆饰演的
《广告狂人》男主角唐·德雷柏

乔治·路易斯饰演的
乔治·路易斯本人（1964年）

93.
**如果在办公室里表现得如同
《广告狂人》里的那些淫棍那样，
你会完蛋的。**

　　保持体面和自我约束，做专业人士该做的
事，把热情投入到创意事业，把心思放在工作上。
没人喜欢好色之徒，更没有人希望和一个喜欢盯
着同事身材的人共事。荒淫好色，会以最快也最
糟糕的方式摧毁一个人刚刚起步的事业。

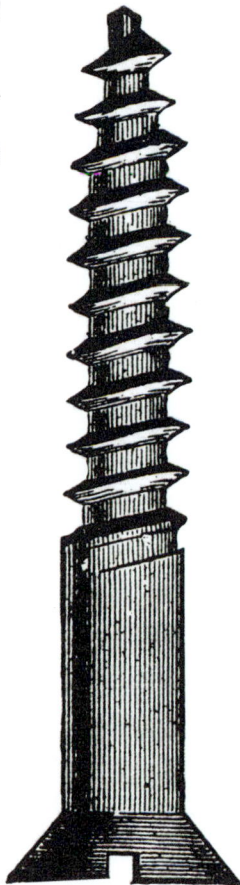

94.

唯一变大之后变好的，
是生殖器。

任何企业都需要依靠持续创新实现增长和成功。

但请注意，企业规模越大，就意味着部门划分越细，市场调查越多，兼并收购越频繁，"集体乱搞"和决策瘫痪越常见（见本书第25、第26条）。最糟糕的情况是，企业失去创意控制能力，员工失去热情、失去"创造伟大"的信念。

早在20世纪70年代，在亲眼目睹许多创意广告公司（因为扩张、兼并或收购）走下坡路之后，我就清楚地知道：大即是糟，小才是好。

工作狂们总被问到为何要这样工作。其实比起职业道德或对成功的渴望，我们更多是被身体机能推动的。约翰·欧文在小说《盖普眼中的世界》中写到的"能量带来能量"完美解释了这一点。当体力接近透支时，人的动力系统会产出更多肾上腺素，刺激大脑和身体。对我来说，有益身体的对抗性体育运动（我至今仍在打篮球）和锻炼脑力的活动（我至今仍沉迷于国际象棋）是生活方式的一部分。我相信体育运动和国际象棋中高密度的脑力活动能够激发和保持创造力。任何时候开始锻炼都不算晚。另外，如果你从来没有体验过国际象棋的完美算法，听听托马斯·赫胥黎的创造主义观点吧："棋盘就是世界，棋子就是宇宙里的物质，游戏规则即自然法则。"

96.

万宝路的第一任老板死于肺癌。
"万宝路男士"广告演员也是。
就这样。

我曾经告诫两位三十出头的大烟鬼好友：别抽烟了，再抽活不过50岁了。结果，非常悲伤，他们真的恰好在50岁逝世。为了你的家庭、朋友和事业，别抽烟了。如果我的这几句话能让你从自杀之路回头，那它的价值就比我给的仕途上的建议高得多。如果继续抽烟，那你长眠的那一天会提前到来。

顺便一提，回头看看我为印尼烟草公司设计的商标（见本书第79条），我有点后悔。

斯当顿国际象棋棋子
纳撒尼尔·库克设计，
（致敬英国象棋大师霍华德·斯当顿）
1849年

97.

遇见灵魂伴侣的时候，
别让他或她走开。
（你的创意之泉也会源源不断。）

进普瑞特艺术学院的第一天，我遇见了罗斯玛丽·莱万多夫斯基。她来自一个波兰移民家庭，从雪城来到纽约，希望开拓艺术事业，认识些讲究的人，没想到竟遇见了我。第一次看见她的脸，又盯着她的腿看了好一会儿之后，我就知道这个女人将会陪伴我一生。我们在一起60年，她深爱我，照料我，生儿育女，抚养孙辈。她是那个时代少见的女性美术指导，是一位充满活力的画家，见证（且赞同）我创作的所有作品，有时也为我的创作提供灵感和文案——虽然都只署了我的名字。

一位理解你，并在生活和工作上都大力支持你的伴侣，是无价之宝。

乔治和妻子第一次见面的10分钟之后。
于普瑞特艺术学院，1949年

98.
一天不工作我就慌了，
你呢？

在全国失业率攀升的日子里，我意识到自己没有一天不在工作。从6岁开始，我每天放学后就在父亲的花店工作，周末也不例外。我送花、打扫、画画、浇水、修花、包花、收款，做父亲需要我做的所有事情，认真帮助家庭维持生计。从20世纪50年代第一次踏入广告行业以来，每当想到不工作而虚度一天，我就感到恐慌。所以，每天都要从床上跳起来，对做出伟大的工作满怀期待。

每一天都要当作人生最后一天去奋斗。

99.
人生不能睡过去啊。

我一直觉得睡眠是个可怕的敌人，它强行夺去人三分之一的工作时间。一个80岁的人生命中清醒的时间是233600小时，在这些时间里做过的事情就是他人生的意义所在。假如你现在20岁，预计会活到80岁，试着每天少睡1小时，你将比嗜睡的竞争者们多出两年半的清醒创作时间！你如果现在每天睡8小时，就试着睡7小时！现在每天睡7小时的，试着睡6小时！现在每天睡6小时的……总之以此类推。当然你也可以像我一样，每天就睡3个小时。

（我清醒的时间比某些人的一生都长。）

乔治·路易斯与
父亲哈拉兰博斯·路易斯
于布朗克斯的家族花店前，
1972年

100.

清晨不读《纽约时报》，
我会觉得一整天都没有创意灵感。

　　我的创意灵感来源不拘一格，可以来自布朗克斯的校园趣闻、棒球俚语、连环画、《每日新闻》头条，也可以来自马克思兄弟拍的电影、总统演讲、流行歌曲等众多流行文化渠道。我的青少年时代大多在送花、打篮球、画画、做航模、逛博物馆中度过，直到将近成年才意识到，每天清晨读1小时《纽约时报》可以让我充分了解这个时代的精神，吸收养分，汲取灵感。从信息的完整性、调查的广度、分析的

"All the News
That's Fit to Print"

The New Y

VOL. CLX . . . No. 55,394   © 2011 The New York Times   NEW YORK, TU

BEHIND THE HUN

The Raid

Osama bin Laden, three other
men and a woman were killed
during a 40-minute raid by the
United States Navy Seals on
the outskirts of Abbottabad,
Pakistan early Monday.

Bin Laden and his family had occupied
the second and third floors of the **main
building**, the last area to be cleared by
American forces. He was killed in the
latter part of the battle.

Residents
burned their
own trash here.

GATED
ENTRANCE

深度等方面来说，广播、电视和网络都无法和那些伟大的报纸——如《泰晤士报》、法国《世界报》和西班牙《世界报》等——相提并论。对于习惯了新科技的年轻一代来说，每天阅读优秀报刊上的深度报道远好于浏览网络上不经编辑、未进行事实考证的博客文章。

如果你能专注于每一次阅读，灵感就将在报纸的字里行间喷涌而出。

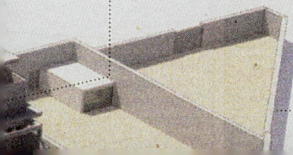

Late Edition

Today, periods of clouds and sun, warmer, high 75. **Tonight,** showers and a thunderstorm, mainly late, low 56. **Tomorrow,** showers, breezy, cooler, high 62. Details, Page A20.

rk Times

MAY 3, 2011 $2.00

FOR BIN LADEN

7-foot-high privacy wall

Clues Slowly Led to Location of Qaeda Chief

13-FOOT WALL

This article is by Mark Mazzetti, Helene Cooper and Peter Baker.

101.

作为男人，
如果你仍然认为女性比不过你，
朋友，她将趁你不备打败你。

　　美国演员杰克·尼科尔森有一句名言："这个年代，女人比男人有种。"在女性解放运动之前，男性统治了艺术和设计的发展方向，但现在，好家伙，女性已经迎头赶上了。20世纪60年代的广告创意革命之前，业内敢于和当时的制度对抗的女性（如赛伯·潘列斯、里巴·索契斯）寥寥无几，但在此之后，大量杰出的女性从业人员出现了：鲁思·安塞尔、比伊·费特勒、路易丝·斐力、珍妮特·弗勒利希、麦拉·卡尔曼、南希·赖斯、薛·博兰。如今，有能力（并且有种）的女性可以成为平面设计师、建筑师、电影导演、时尚设计师、室内设计师等，她们拥有的机会比历史上任何时候都多。

右图: 乔治·路易斯
为《时尚先生》设计的封面
评论轰轰烈烈的女性解放运动
1965年

102.

致读到此处的读者：如果你年近 50，请记住，橡树要长 50 年才开始产橡果。

达尔文50岁才写出《物种起源》。

山德士上校60多岁才开始他的肯德基事业。

露丝·韦斯特海默52岁才因公开谈论性知识而成名。

路易斯·内维尔森50多岁才卖出第一尊雕塑作品。

茱莉亚·柴尔德年近50才写出第一本美食书。

奶昔搅拌机推销员雷·克洛克52岁才开始经营麦当劳，将小小的连锁餐厅变成庞大的快餐王国。

纽约公立学校的普通教师弗兰克·麦考特66岁才写出《安琪拉的灰烬》，1年后获得普利策奖。

帕布帕德69岁时才发起"奎师那知觉运动"，当时他全身上下只有7美元。

听听塞缪尔·贝克特是怎么谈自己的事业的："**尝试过，失败过。没关系。再尝试，再失败，但比上一次进步一点。**"

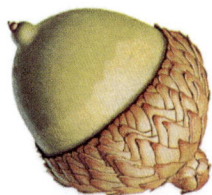

103.
不要自大。
(但最好自信!)

　　两者有天壤之别。自大者口无遮拦,自信者创意无限。如果你不是拳王阿里,就不要表现得狂妄自大。(阿里在获得世界重量级拳击冠军后表示:"雄鸡只在看见晨光时打鸣,置身于黑暗中它永远不会发声,而我看见了晨光,因此放声鸣叫!")但世界上只有一个阿里。作为创意人员,你最好有足够的能力和自信来保证你的点子能让人记住;作为企业家,你必须展示自信;而作为创意行业的一员,你必须百分之百确定你所做的工作是客户想要的,要拍着胸脯保证你能做到!(如果连保证的勇气都没有,你就不可能成为一个伟大的创意人员。)

104.

学着用一句
逻辑清晰、语言简练、信息充足、有远见、有想法的
话取代文法不通、现编现卖的推文!

上述标题严格遵循推特规定,
没有超过140字。*

少发推,多思考。

不妨尝试从写好一封英文邮件开始改变?!

(尽己所能写下一切,做到一切。)

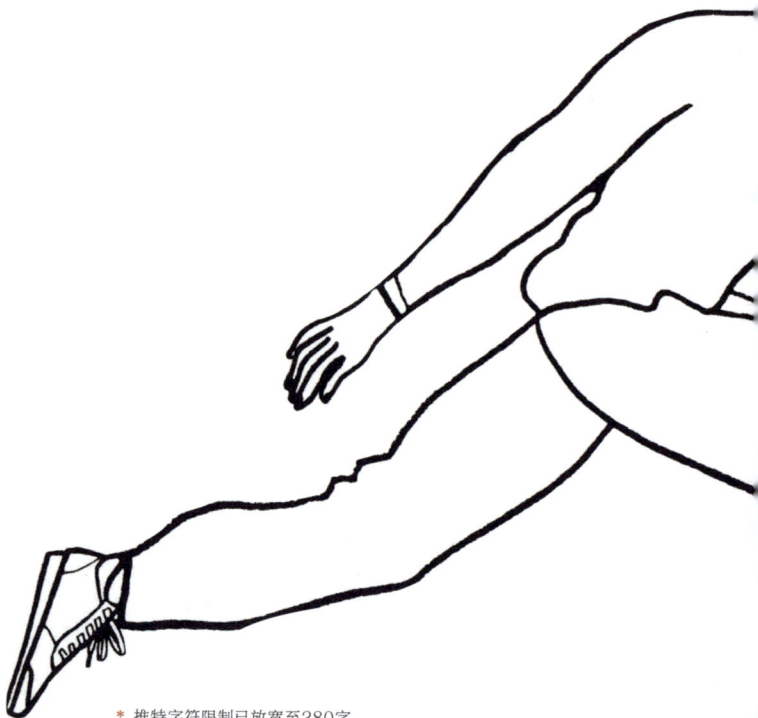

---

* 推特字符限制已放宽至280字。

105.

更好的办法是，
干脆远离推特，
学做更有成果的事: 绘画。

绘画能够更好地传递创意（所以如果你不会，去学吧）。任
何一位想要终生从事绘画、雕塑、建筑、电影导演、平面设计、
时装设计、产品设计、布景、室内设计、创意发明甚至创业
的人，只要不能将理念转化为图像，就意味着不会被看见。
简单的勾画也能戏剧般地把你的点子具体化。所以，如果你还
不会画画，把它放进你每日的日程里去学习吧，它不仅能帮你更
好地表达自己的想法，还能够让你更欢乐地观察这个世界。

乔治·路易斯绘制的数百万幅
广告摄影草图之一
（图为1986年汤米·希尔费格
品牌广告草图，
广告标题是: 汤米为何奔跑?）

106.

你无法教会一只螃蟹竖着走路。

螃蟹就是螃蟹，蛇就是蛇，而在日常创意生活里，傻瓜就是傻瓜。如果你的直觉告诉你，对方不是一个能够被伟大创意打动的人，不管他是雇主还是客户，拒绝他并立刻走开。

107.
不要生气，要报复（？！）。

《威尼斯商人》里，莎士比亚笔下的夏洛克说过这样一段话：
"你们要是用刀剑刺我们，我们不是也会出血的吗？你们要是搔我们
的痒，我们不是也会笑起来的吗？你们要是用毒药谋害我们，我们不
是也会死的吗？那么要是你们欺侮了我们，我们难道不会复仇吗？"
这话我无法赞同。我的想法是：通通忘了吧！不要让那些施予你痛苦
的人影响你的命运。你如果陷入其中，就是败给了他们。不要控诉，
不要想着弄死他们，不要因为他们而忘了你前进的方向。

顺便一提，每当看到讣告上出现死对头的名字，我还是会举起报
纸向妻子大叫："我就知道，我会活得比这家伙长！"

108.

"那么为什么第一次不能做成这样?!"

　　美国餐饮传奇乔·鲍姆给我上过一堂最具说服力的现场课。当时是20世纪60年代,这位将美国人的"吃"变成戏剧和美学享受的先锋人物邀请我担任广告导师。我们在鲍姆的餐厅吧台喝酒,点了一杯血腥玛丽之后,他要求我仔细观察他的每一个动作。喝之前,他问调酒师:"这是你能调的最好的血腥玛丽吗?""是的。"调酒师带着肯定的语气回答。"你自己喝喝看。"鲍姆命令道。调酒师喝了一口,思考了一会儿,说:"很好喝。""能调出更好的吗?"鲍姆问。调酒师重新调了一杯。鲍姆说:"现在,尝尝这杯的滋味,告诉我感觉怎么样。"调酒师抿了一口,说:"这杯非常好,简直是完美!""那么为什么第一次不能做成这样?!"伟大的乔·鲍姆吼道。

　　人生中做任何事情的时候,不管是扫地还是刷碗,都请记住这个故事。

109.
如果工作时不能像鹅一样松弛，
你就是只死鸭子
——注定完蛋。

　　我20岁出头的时候，一名当时十分重要的女装设计师告诉我，创办时装品牌是一份糟糕的工作，他用了"糟透了"这个词。我嘲讽地建议他，不如辞职去做码头工人。我遇到过许多男女，他们为自己的工作自豪，尽己所能做好工作，而且总是面带微笑。努力工作的人要常常大笑，否则只是陀螺，你的状态会在作品中有所显示。在创意行业里，要想做到有创意，除了源源不断的点子，还要有好的抗压能力。我喜欢用"像鹅一样松弛"来形容带着热爱与舒适工作的状态，这种氛围对我来说十分重要。我喜欢和在工作中能够时常微笑，或自在大笑，并且足够聪明、能够领会我的双关语的人一起工作。创意带来的乐趣其实就是一种生活的乐趣，它渗透并塑造了你工作的每一个方面。很大程度上来说，对生命的热爱，对生活和工作的至高喜悦，都必须体现在你工作的方方面面。

110.

在正式的环境中, 舒适地工作。

　　大多数人都是在舒适的环境中, 正经地工作。(很多人坚持希望待在"家"一样的环境中, 在我看来这不过是让懒惰合理化。)而我喜欢人们在有序环境中保持随意。

和像鹅一样松弛的人一起工作（见本书第109条），会营造出一种能够产生和分享创意的氛围，没有人会感到太过疯狂或太过愚蠢。此外，我从未在穿西装、戴领带的状态下，想出什么大创意来。

乔治·路易斯，1973年

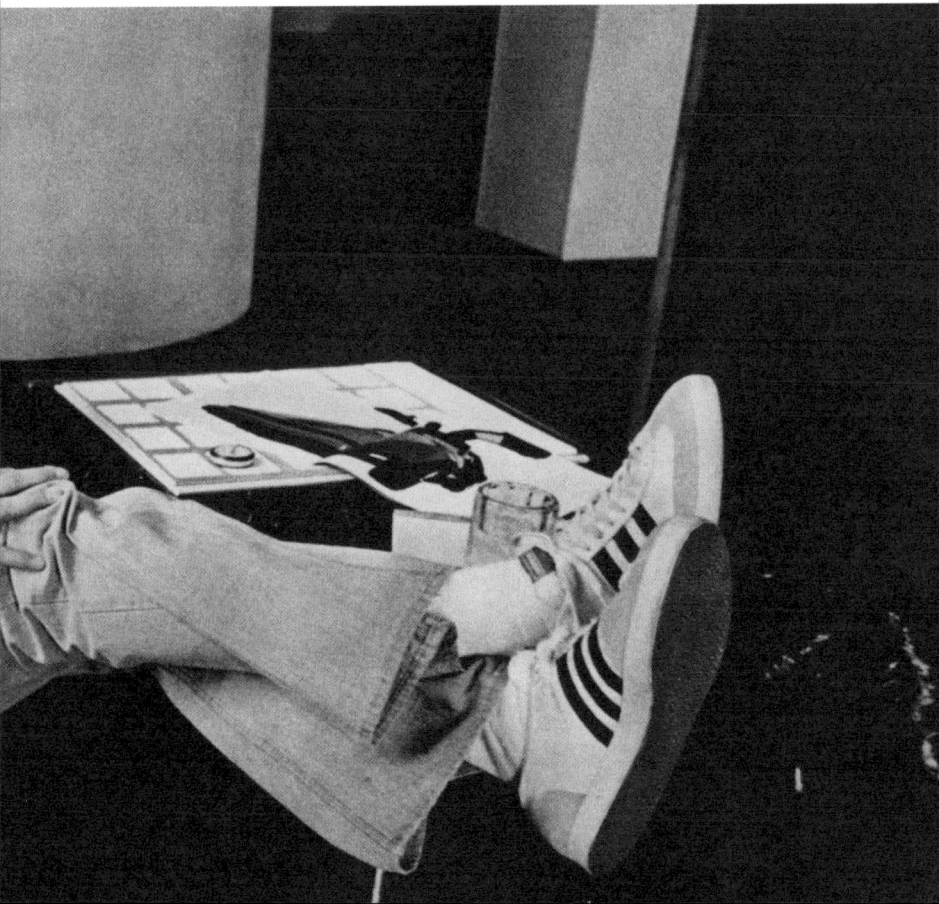

111.

让你的工作环境反映你是谁。

我曾经拜访一位伟大的建筑师，他办公室环境的杂乱和低格调震惊了我。这和他创作的齐整建筑和环境完全不同！他一生致力于打造一个和谐的外部世界，但他用于创作的屋子却一团糟！

我的办公桌上永远只有我正在进行的工作；我的办公室墙壁上空无一物（除了19世纪知名钟表匠塞斯·托马斯出品的时钟）。我不希望有任何东西干扰到我正在思考的工作。我对工作现场的物品摆放倾注心力，因为物品、桌面及排列方式要让我在审美上感觉舒适。你的工作环境不应该是一堆呈现给客户看的摆设。（当然，我的客户们第一次看见我的办公室的时候，都会给我一个奇怪的表情。）

我的工作环境反映出了我的哲学：精确、简单、明了。

同样，家不应该是一堆呈现给朋友看的摆设，而应该反映出你是谁、你的喜好，以及你认定的生命中重要的东西。

右图：乔治·路易斯的办公室及办公桌
于路易斯·霍兰·卡拉韦广告公司，1969年

112.

我们都需要英雄。
我心目中的英雄是保罗·兰德，
一个在死气沉沉的商业世界里
大放光芒的男人。

在平面设计领域，保罗·兰德在我最崇拜的前辈中稳坐头把交椅。暴躁的性格，易怒的脾气，不时展现的爱心，张扬的才华，满溢的品位，无可动摇的自我主张——这就是真实又混蛋的保罗·兰德。他从1938年开始发布新鲜、具有开拓性的作品，到1945年我读高中时，31岁的兰德已经享誉国际。1947年，他的《关于设计的思考》出版，进一步奠定了其声名，而这本书也始终在我巨大的书架上占据着重要位置。

在学生时代，我将他的书读了一遍又一遍。保罗·兰德一直在和平庸对抗，他从中创建了一套绝对高要求的标准，让我余生都受益匪浅。在1985年普瑞特艺术学院艺术馆的开幕典礼上，我和兰德作为普瑞特艺术学院的荣誉校友，一同举办了一场展览。

我始终站在他宽厚的肩膀上。

右图: 保罗·兰德和他的EYE BEE M海报
基于他为IBM设计的商标，1981年

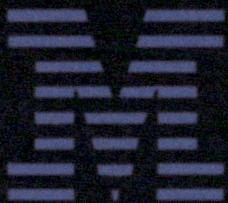

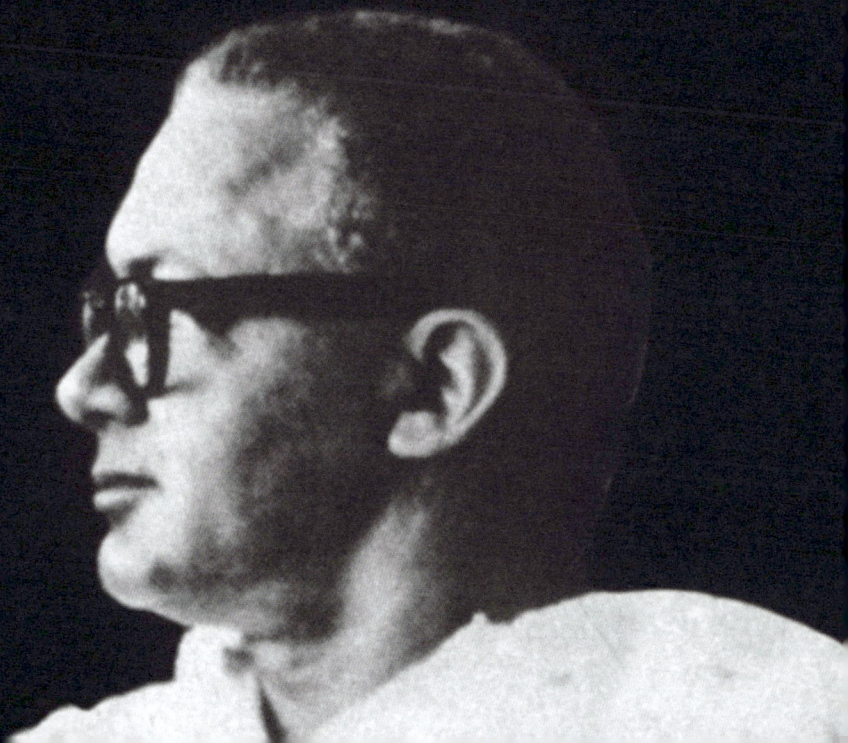

113.
赞美你的导师。

当你被世界认为"成功"了的时候，一定，一定，记得赞美你的导师。（如果你认为你没有导师，那么你就是在不知感恩地说谎。）我生命中有很多的幸运时刻，包括出生在一个勤劳的希腊家庭中，娶了对的人，还有3位导师看到了我的天赋，并引导我走向现在从事的事业。我时常在课堂上、在书里提到他们。如果多年以后，你成为一个牛人，希望你也像我一样充满感激地说起你的导师们。愿你像我一样被眷顾。

艾达·恩格尔

艾达·恩格尔女士是我七年级时的艺术老师，她被我的画作吸引。临近毕业时，她送我一个精心保存的黑色文件夹，里面装满了我的绘画作品。她还推荐我去参加纽约音乐与艺术高中（一所由菲奥雷洛·拉瓜迪亚创办的优秀学校）的入学考试。当我被顺利录取的时候，我知道，自己不会一辈子做个花匠。

我在普瑞特艺术学院的第一年过得索然无味，因为几乎所有课程都在重复纽约音乐与艺术高中的基础训练。直到第二年开学几个月后，我的美学设计老师，总是戴着领带的赫舍尔·莱维特先生推荐我去里巴·索契斯的设计工作室实习。莱维特先生在普瑞特任教31年，门下7名学生入选艺术指导工会奖名人堂，他们是：史蒂夫·法兰克福、鲍勃·吉拉尔迪、史蒂夫·霍恩、乔治·路易斯、希拉·梅斯纳、斯坦·理查兹和伦·锡罗威茨。

赫舍尔·莱维特

里巴·索契斯

遇见里巴·索契斯的那天是我职业生涯中最棒的一天。她是一位伟大的设计师、一名优雅的女士，也是一个了不起的咒骂大师。这位设计领域最可爱的女性（鼻子比我还弯）是我曾共事的设计师中最早入选艺术指导工会奖名人堂的（其他的还有威廉·戈尔登、赫布·鲁巴林、比尔·伯纳齐和鲍勃·盖奇）。离开普瑞特艺术学院的第一周，当我领到第一份工资单，我简直难以置信——自己从此真的要在索契斯的完美王国里精进技艺。

114.
创意广告应该建立在
一个坚定的信念基础上，
即你所促进的远不止是产品或服务的销售。

1961年，本杰明·斯波克博士邀我制作张贴于纽约地铁的海报。当时美苏冷战所引发的核恐惧正笼罩着人们，美国上下核试验氛围浓重，苏联也随时有可能丢下一枚核弹断送地球上的所有生命——虽然最终核战争并没有爆发。作为"全国理性核战争委员会"英勇的领导者之一，斯波克博士联合诺贝尔奖科学家们向大众发出警告，核辐射将导致新生儿先天缺陷和死亡率升高。

我在海报中设计了一位孕妇，配有一段触目惊心却绝对准确的标题："核试验将导致125万新生儿出现生理缺陷或死亡。"这则海报被当时的媒体形容为同情共产党。如今，《部分禁止核试验条约》已实施近半个世纪，人们或许很难想象这样一张海报会引发极大的愤怒，但这张海报也的确成为一个文化标志，让很多人在那段恐怖时光里看到了事实。

如果你认为广告仅仅是欺骗，而不可能成为文化标志，那么你永远都不会明白伟大创意所具有的潜力。

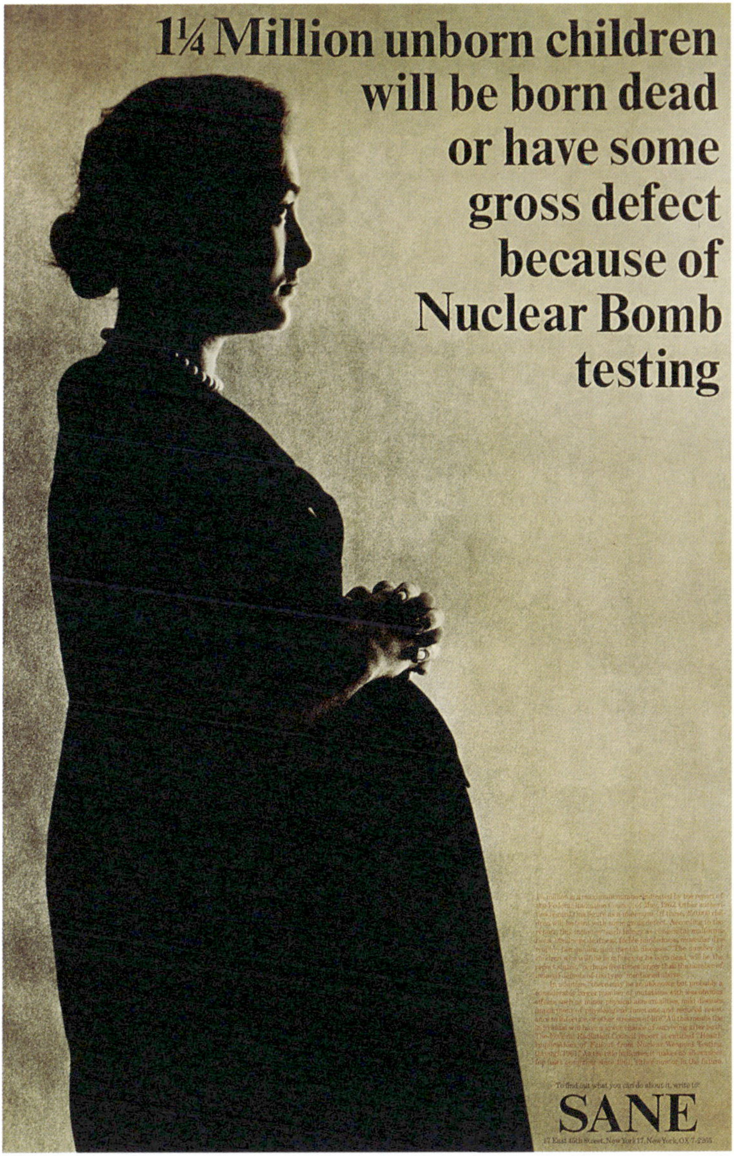

1¼ Million unborn children will be born dead or have some gross defect because of Nuclear Bomb testing
To find out what you can do about it, write to:
SANE
17 East 45th Street, New York 17, New York, OX 7-2265

当我把这期以"掉进罐头里的安迪·沃霍尔"为封面的《时尚先生》寄给安迪·沃霍尔本人后，戴假发的沃霍尔提出用一幅《金宝汤罐头》（如今价值数百万）换这期封面的原图。我告诉他，未来有一天，我会把这幅原图捐给当代艺术博物馆——我确实这么做了，在2008年。

115.
我们做的是艺术吗？

广告和平面设计中的创意的确是艺术，这是我从工作中得出的结论。我的专业工作源自艺术家的浪漫创意。尽管科学在商业中占据极大分量，但我始终忠于艺术，坚持设计工作神圣不可侵犯。我，是一个艺术家，和20世纪其他伟大艺术家一样，出其不意是我创作生涯的主旋律。伟大的创意型人格应该是无组织的，而不拘泥于传统才是一名企业家乃至所有创意行业人员前进的动力。

只要有足够的天赋和热情，你也能够创造艺术！

116.
创造的时刻最快乐。

你总是听到一些有创意的人谈论自己创作时"纠结痛苦"的过程，是不是？这些人和我活在两个世界。当大脑飞速运转，那种循着本能去探索去启发的感觉会让人上瘾，它们就像性、食物和水一样，是人赖以生存的重要因素。

当你最终得到一个大创意的时候，那创造的过程，挖掘和追寻答

案的过程，都变成了快乐。而这份创造过程中的快乐，一秒、一分、一日慢慢累积，最终会将你领向最纯粹的快乐。

快乐的人会更努力地工作。

工作，应该升华人的精神，而不是消磨。

所以，**我们应该为了追求完美而工作，而不是利益。**

乔治·路易斯，2010年

117.
如果不了解一切从何处来，
你就不可能成为你想要成为的人。

1972年，我以纽约艺术创意俱乐部主席的身份创建了艺术指导工会奖名人堂。第一年，我们表彰了8位设计领域的巨擘——他们是创新者，是概念思维的前驱，为后来者指明了道路，为当代的艺术创意者和平面设计者们奠定了基石。此后，我们每年甄选杰出人物，不仅激励那些渴望成为美术指导、文案人员、摄影师、插画师、产品设计师的年轻人，更为他们提供了创意灵感的源泉。截至2012年，全球已经有166人获得了艺术指导工会奖名人堂终身成就奖，他们不仅是导演、销售、思想家和创新者，更是艺术家。

正如乔治·桑塔亚纳所说："不了解过去的人，注定会重复过去。"**不知晓历史，你就无法创造未来**。

艺术指导工会奖名人堂奖杯, 由一个 "A" 形圆锥体和
一个可拆卸的 "D" 形模块组成。
乔治·路易斯与吉恩·费德里科共同设计, 1972年

118.
"只要用对了方式，作品就会一直有生命力。"

——马西莫·维涅里，设计师

在20世纪60年代中期，我和设计师马西莫·维涅里都三十出头，惺惺相惜。在一次设计思路的讨论中，维涅里总结出他的人生哲学："乔治，只要用对了方式，作品就会一直有生命力。"50年后的今天，这位传奇的平面、室内和产品设计师刚刚和妻子莱拉一道，为他的维涅里设计研究中心剪彩。这所中心隶属于纽约罗切斯特理工学院，由维涅里亲自设计，致力于收藏现代设计大师的经典案例，推动相关研究。

我在1968年为《时尚先生》设计的一幅封面有幸被维涅里设计研究中心珍藏。这幅封面上有自罗斯福总统之后，美国人最怀念的3个形象：约翰·F. 肯尼迪、罗伯特·F. 肯尼迪和马丁·路德·金。这幅作品让三人复活，站在阿灵顿公墓中，用梦境般的画面诉说着那个时代里美国的善如何被谋杀。维涅里是对的：只要用对了方式，作品就会一直有生命力。

OCTOBER 1968
$1.50

35th Anniversary Issue of
Esquire
Salvaging the 20th Century

"乔治·路易斯设计的《时尚先生》标志性封面记录了美国社会政治动荡的重要时期，是一名卓越的平面设计师、传播者的杰出作品。"

——《纽约时报》

119.

"大量的人才失落在尘世间，只因缺少一点勇气。"

——西德尼·史密斯，英国作家

《韦氏词典》中最触目惊心的词条之一是"勇气"：

在面对危险、警报或困难时，依然有巨大的决心；在面对极端的危险和困难时，保持坚定，不胆怯，不撤退；坚持自我，守住自己的原则，为之斗争。

有才华但怯懦的人永远也进入不了伟人的神殿，因为胆怯意味着平庸。害怕争执的结果就是"大量的人才失落在尘世间"。

创作出绝佳的作品，且在任何情况下，不计一切代价地捍卫它，这样的勇气并不来自大脑，而是来自内心。

在我一生获得的所有专业奖励中，我最珍惜的是这一枚乔治五世一战勋章。这枚勋章是1979年我20岁的儿子去世一周年时，路易斯·皮茨·格申广告公司亲爱的同事们送给我的，它描绘了圣乔治搏击恶龙的场景，上面刻有铭文"授予我们无畏的领导者"。这是同事们对我的坚持的认可，对我继续创作伟大广告的鼓励，就像威廉·华兹华斯说过的："当令人费解的悲剧降临，我将用心灵与坚韧的灵魂与之对抗。"

120.
你的命运由你做主，
你的灵魂你来掌舵。

　　人一生会经历很多幸运时刻，也会遭遇一些不顺，但无论如何我都相信，一个人可以主宰自己的命运，能够决定自己要过什么样的家庭生活、拥有什么信仰、做出怎样的成果。你拥有绝对的决定权，没有人能逼你做出不好的成果。商业世界里四处是拦路虎、门外汉，但只要你怀抱真理，"他们"不能阻止你去追寻自己的快乐，妨碍你展现自己的天赋，或禁止你去掌控自己的命运。永远不能。

　　在被囚禁于罗本岛和波尔斯穆尔监狱的27年中，南非抵制种族隔离的传奇人物纳尔逊·曼德拉曾一次次为狱友们背诵英国诗人威廉·欧内斯特·亨利的《不可征服》，传递诗中自我主宰的信息。

　　走出覆盖一切的夜，四野茫茫一片漆黑，
　　感谢诸天神灵庇护，保我灵魂不可征服。

　　哪怕周遭分崩离析，不曾退缩不曾泪流。
　　何惧命运诡谲多舛，头破血流不肯低头。

　　怒与泪的土地上空，恐惧阴影久久飘荡。
　　经年累月恐吓威胁，不会让我畏惧害怕。

　　不管出口何等狭窄，不管惩罚如何深重，
　　我的命运由我做主，我的灵魂我来掌舵。

后记

我第一次参加高考是在1989年。高二时英文还只有六七十分的我，竟然考了全年级第二名。

1992年，我退学后重新参加高考，即使在第一所大学多学了一段时间，英语还是只考了80多分。

上了大学，买了一堆"单词500"、《新概念英语》《英语听力入门（Step by Step）》，立志学好英文进外企，结果大二第一学期通过了英语四级考试，就没了学习的动力。

26岁，面试一家500强外企，在用英文对话时，我只会说：I am good, I can do it.

广告从业后，我基本没服务过需要用英文沟通的客户。创办环时后，我会说的英文只有：No money, no idea. Big money, big idea.

所以，即使我特别喜爱乔治·路易斯，即使我觉得自己有时候就是他的灵魂附体，即使我热爱他20多年，也不能说这本书是我有能力翻译的。

在书店看到这本小书，我决定要翻译出来，左手《英汉大词典》，右手谷歌翻译，出来的却不是人话。于是，邀请公司英文好的史一腾初译了前80条，徐铨翻译了后40条，我在中文翻译的基础上进行了再加工。感谢他们。

从启动翻译到今日出版，已经两年多了。还好，路易斯和我都健康有趣地活着。感谢陈垦、吕昊和浦睿文化一直努力使这本册子和大家见面。

当然，我最感谢的还是乔治·路易斯，因为这些年我每天都要翻看这本小册子，从中获取力量和原则。也正因此，我成为了一个自己和我女儿都喜欢的广告传播商人。

广告是什么？品牌是什么？传播是什么？其实这个行业和修桥、建路、开饭馆没什么本质区别，多些强大的内心，多遵从商业规律，多点自己的本事，有了能力，才能站着赚钱，才能尽早财富自由，多陪伴家人。

希望每一个阅读这本书的人早日实现财富自由，去做自己喜欢的事，不做恶。爱每一个购买这本书的人。

金鹏远
2018年8月1日于绍兴

谨以此书献给25位传播大师。他们是：

**当代平面设计的
卓越先驱：**

穆罕默德·费米·阿迦

索尔·巴斯

赫伯特·拜耶

莱斯特·比尔

阿列克谢·布罗多维奇

A.M. 卡桑德尔

威廉·戈尔登

亚历山大·利伯曼

雷蒙德·洛威

赫伯特·马特

欧文·潘

保罗·兰德

布拉德伯里·汤普森

**与我同时代的
杰出设计者：**

伊万·切尔马耶夫

卢·多夫斯曼

吉恩·费德里科

鲍勃·盖奇

鲍勃·吉尔

赫尔穆特·克朗

赫布·鲁巴林

托尼·帕拉迪诺

比尔·陶宾

马西莫·维涅里

亨利·沃尔夫

弗雷德·伍德沃德

除以下特别标注外，本书插图均为乔治·路易斯作品。

2 大力水手©国王影像企业

6 卢克·路易斯

11 摄影：马修·布雷迪

20 绘画：勒万多夫斯基−路
易斯

28 海报设计：托尼·帕拉迪诺

30 广告出品方：恒美广告公
司，摄影：霍华德·齐耶夫

39 卢克·路易斯

48 卢克·路易斯

50 卢克·路易斯

53 美联社档案供图

56 摄影©兹德洛夫·基里尔·
弗拉基米洛维奇

63 卢克·路易斯

65 卢克·路易斯

69 索尔·巴斯

70 卢克·路易斯

73 绘画：汤姆·韦斯

75 卢克·路易斯

76 摄影：卡尔·费舍尔

78 广告出品方：奥美集团

84 经大众集团美国公司许
可使用

87 摄影：肯·里根，纽扣：卢
克·路易斯

95 卢克·路易斯

100《纽约时报》供图

101 摄影：卡尔·费舍尔

108 卢克·路易斯

109 绘画：约翰·詹姆斯·
奥杜邦

112 EYE BEE M 广告设计©
保罗·兰德，由玛丽昂·兰德/保
罗·兰德档案提供

115 摄影：卡尔·费舍尔

117 摄影：托德·塞尔比

118 摄影：卡尔·费舍尔

120 卢克·路易斯

衷心感谢

阿曼达·伦肖，她促成了这本书的诞生；维多利亚·克拉克，她为编辑本书付出卓绝心力。

爱与感激

献给我的儿子卢克·路易斯，他陪我共同设计本书。

图书在版编目（CIP）数据

好忠告 / [美] 乔治·路易斯著；老金译.
-- 长沙:湖南人民出版社, 2018.9
ISBN 978-7-5561-2007-9

Ⅰ.①好… Ⅱ.①乔… ②老… Ⅲ.①成功心理 - 通俗读物 Ⅳ.①B848.4-49

中国版本图书馆CIP数据核字(2018)第148914号

好忠告
HAO ZHONGGAO
[美] 乔治·路易斯 著 老金 译

出 版 人　谢清风
出 品 人　陈 垦
出 品 方　中南出版传媒集团股份有限公司
　　　　　上海浦睿文化传播有限公司　上海市巨鹿路417号705室 (200020)
责任编辑　曾诗玉
封面设计　曾国展
责任印制　王 磊
出版发行　湖南人民出版社
　　　　　长沙市营盘东路3号 (410005)
网　　址　www.hnppp.com
经　　销　湖南省新华书店
印　　刷　恒美印务 (广州) 有限公司
版　　次　2018年9月第1版
印　　次　2018年9月第1次印刷
开　　本　787mm×1092mm　1/32
印　　张　5.75
字　　数　120千
书　　号　ISBN 978-7-5561-2007-9
定　　价　56.00元

版权所有，未经本社许可，不得翻印。
如有倒装、破损、少页等印装质量问题，请与印刷厂联系调换。联系电话：020-84981812

P₹ 浦睿文化
INSIGHT MEDIA

出 品 人　陈　垦
策 划 人　吕　昊
监　　制　余　西
出版统筹　戴　涛
编　　辑　姚钰媛
封面设计　曾国展
美术编辑　王天舒

投稿邮箱　insightbook@126.com
新浪微博　@浦睿文化